Ganesh Raj Pant
Dwij Raj Bhatta

Epidemiologia e caraterização molecular do vírus da raiva no Nepal

Ganesh Raj Pant
Dwij Raj Bhatta

Epidemiologia e caraterização molecular do vírus da raiva no Nepal

ScienciaScripts

Imprint

Cover image: www.ingimage.com

This book is a translation from the original published under ISBN 978-3-659-55336-3.

Publisher:
Sciencia Scripts
is a trademark of
Dodo Books Indian Ocean Ltd. and OmniScriptum S.R.L publishing group

120 High Road, East Finchley, London, N2 9ED, United Kingdom
Str. Armeneasca 28/1, office 1, Chisinau MD-2012, Republic of Moldova, Europe
Printed at: see last page
ISBN: 978-620-8-07375-6

Índice:

Prefácio

Em primeiro lugar, estou muito grato ao meu supervisor, Professor Dr. Dwij Raj Bhatta, Departamento Central de Microbiologia, Universidade de Tribhuvan, Katmandu, Nepal, que gentilmente me orientou e supervisionou na realização deste estudo. Não foi possível realizar este estudo de investigação sem o seu apoio e ajuda. Entretanto, estou muito grato ao Professor Dr. Anjana Singh, Diretor do Departamento Central de Microbiologia da Universidade de Tribhuvan, Katmandu, Nepal, que gentilmente me ajudou a realizar este estudo.

Gostaria de agradecer à Dra. Vittoria Steven do Australian Animal Health Laboratory (AAHL), Austrália, e ao Dr. Laurent Dacheux do Instituto Pasteur de Paris (PIP), França, pela sua amável cooperação e valiosa contribuição para a realização deste estudo. Agradeço vivamente os seus esforços contínuos. Entretanto, agradeço ao Dr. W. Frank, Y.K. Wong, K. R. Davies, T. Pye e W. Vosloo da AAHL e do PIP, bem como ao pessoal de laboratório do Laboratório Veterinário Central e do Laboratório de Produção da Vacina contra a Raiva, Tripureshwor, Katmandu, pela assistência técnica. Agradeço vivamente a ajuda técnica prestada pelo Dr. K.C. Thakuri, veterinário sénior, e pelo Sr. P.R. Khanal, veterinário do Centro de Epidemiologia Veterinária (VEC), pela sua ajuda técnica e apoio. Agradece-se ao Crawford Fund, Victorian Division, Austrália, e à Organização Mundial de Saúde Animal o generoso apoio que permitiu o intercâmbio técnico das minhas visitas ao Australian Animal Health Laboratory, Austrália, e ao Changchun Veterinary Research Institute, China, para a realização do meu trabalho de investigação. Estou muito grato ao Sétimo Programa-Quadro da União Europeia e ao Institute de Veille Sanitaire pelo apoio financeiro a este trabalho de investigação.

A inspiração dos meus falecidos pais contribuiu para desenvolver a minha carreira académica. Entretanto, aprecio muito a contribuição do meu irmão, Sr. Dharm Raj Pant, e da minha bhauju (cunhada), Sra. Radha Devi Pant, que trabalharam arduamente e me deram apoio moral para estudar quando eu era muito jovem. Ambos são os meus guias na minha carreira académica. Gostaria de agradecer à minha mulher, Sra. Narbada Pant, pelo seu apoio, ajuda e coragem. O seu rosto sorridente é a minha força. A contribuição do meu filho Dr. Vivek Pant e da minha filha Dra. Nayana Pant é muito apreciada para a conclusão do meu doutoramento. Todos os membros da minha família, incluindo Susmita Pant (nora), ajudaram-me e proporcionaram-me um ambiente adequado em minha casa. O Er. Govinda Gyawali, merece os meus agradecimentos pelo seu apoio e ajuda na preparação deste manuscrito para publicação.

Este livro contém informações epidemiológicas gerais, sintomas clínicos, métodos de prevenção e controlo e diagnóstico laboratorial da raiva, caraterização molecular do vírus da raiva, técnica de produção de vacinas contra a raiva em cultura celular e métodos de garantia de qualidade. Espero que seja útil para adquirir conhecimentos neste domínio.

Agradeço vivamente aos leitores deste livro e peço-lhes que me dêem feedback para que eu possa evitar erros no futuro. Por último, mas não menos importante, o apoio e a ajuda da LAMBERT Academic Publishing são muito apreciados e notáveis.

Ganesh Raj Pant,
Faculdade Adjunta (Professor Associado)
Universidade de Agricultura e Florestas,
Rampur, Chitawn, Nepal
Autor correspondente

Capítulo 1

Introdução

1.1. Antecedentes

A raiva é uma doença zoonótica viral fatal de todos os animais de sangue quente, incluindo os seres humanos, causada pelo genótipo 1 (RABV) do género *Lyssavirus* da família *Rhabdoviridae* (Hummeler & Koprowski, 1969). A raiva infecta normalmente animais domésticos e selvagens e é transmitida ao ser humano através do contacto próximo com saliva infetada por meio de mordeduras ou arranhões. Está amplamente distribuída por todo o globo, em todos os continentes, exceto na Antárctida. A raiva ocorre em mais de 150 países. Até à data, apenas o Japão, a Malásia, Singapura, a Austrália e a Nova Zelândia estão livres do genótipo 1 do *Lyssavirus* (Raiva) (Gerring *et al.,* 1995 e comunicação pessoal com o Dr. Charls Rupprecht, Centro de Controlo de Doenças, EUA, em 2013). Mais de 55.000 pessoas morrem de raiva todos os anos e cerca de 95% das mortes humanas ocorrem na Ásia e em África. Os cães são a fonte de 99% das mortes humanas e a maioria das mortes humanas segue-se a uma mordedura de um cão infetado. Entre 30-60% das vítimas de mordeduras de cães são crianças com menos de 15 anos (OMS, 2010). Quando os sinais e sintomas da raiva aparecem, não há tratamento e a doença é 100% fatal. Raramente, 11 pacientes foram documentados como casos de sobrevivência da raiva após cuidados intensivos e vacinação (Sauza & Madhusudana 2014). Entretanto, a doença é 100% evitável se o tratamento adequado das feridas, a vacinação pós-exposição e a imunoglobulina forem administrados atempadamente. Todos os anos, mais de 15 milhões de pessoas em todo o mundo recebem um regime preventivo pós-exposição para evitar a doença, o que se estima que evite 327 000 mortes por raiva anualmente. A raiva canina ameaça mais de 3,3 mil milhões de pessoas na Ásia e em África. As pessoas em maior risco vivem em zonas rurais onde as vacinas e a imunoglobulina humana não estão prontamente disponíveis e acessíveis (OMS, 2010).

A raiva tem um impacto económico negativo grave devido à morte, ao custo da vacina e da imunoglobulina (Knobel *et al.,* 2005). As pessoas pobres correm um risco elevado, pois o custo médio da profilaxia pós-exposição à raiva após o contacto com um animal suspeito de ter contraído raiva é de 40 dólares em África e de 49 dólares na Ásia, onde o rendimento médio diário é de cerca de 1-2 dólares por pessoa. O custo anual do tratamento pós-exposição para 15 milhões de pessoas no mundo é de 750 milhões de dólares. A despesa anual total estimada para a prevenção da raiva nos EUA ascende a 300 milhões de dólares. Na Índia, estima-se que ocorram anualmente 20 000 mortes por raiva (o que corresponde a cerca de 2/100 000 habitantes em risco). Em África, o número correspondente é de 24 000 (cerca de 4/100 000 habitantes em risco). Estima-se que o custo anual das perdas de animais em resultado da raiva na Ásia e em África seja de 12,3 milhões de dólares. A despesa global total com a prevenção da raiva é estimada em mais de 1 bilião de dólares (WHO Expert Consultation on Rabies, 2005). A nível mundial, a estratégia mais eficaz em termos de custos para prevenir a raiva nas pessoas consiste em eliminar a raiva nos cães através da vacinação dos animais (OMS, 2010; Centro de Controlo e Prevenção de Doenças, 2011).

Como os vírus são transmissíveis aos seres humanos, todo o material suspeito de estar infetado deve ser manuseado nas condições de segurança adequadas especificadas pela Organização Mundial de Saúde (OMS, 1996). Os laboratórios que trabalham com vírus da lyssa ou material suspeito devem cumprir os regulamentos nacionais de biocontenção e biossegurança e devem também cumprir as diretrizes para os agentes patogénicos do Grupo de Risco 3. A OMS recomenda a imunização preventiva de todo o pessoal que manuseia material infetado ou suspeito. O protocolo de imunização inclui três injecções, por exemplo, nos dias 0, 7 e 28. A avaliação serológica da imunização é feita 1-3 semanas após a última injeção e verificada de 6 em 6 meses no caso dos trabalhadores de laboratório ou de 2 em 2 anos no caso de outros técnicos de diagnóstico. A vacinação de reforço deve ser administrada quando o título cair para menos de 0,5 unidades internacionais (UI) por ml. Na ausência de monitorização serológica, o regime de vacinação deve consistir numa vacinação de reforço ao fim de 1 ano e, posteriormente, a cada 1-3 anos. Os testes serológicos raramente são úteis para o diagnóstico ante-mortem devido à seroconversão tardia e à elevada taxa de mortalidade das espécies hospedeiras, mas são muito úteis para avaliar a seroconversão após a vacinação e para estudos epidemiológicos (Pant *et al.,* 2013 a). A raiva é uma zoonose importante para a qual as técnicas de diagnóstico foram padronizadas internacionalmente. Como nenhum sinal clínico ou lesão macroscópica post-mortem pode ser considerado patognomónico em animais domésticos ou selvagens, o diagnóstico da raiva tem de se basear em testes laboratoriais. As técnicas laboratoriais são preferencialmente efectuadas em tecido do sistema nervoso central (SNC) retirado do crânio (especificamente, tronco cerebral, corno de Ammon, tálamo, córtex cerebral e medula oblonga). Deve ser testado um conjunto de amostras do SNC e o tronco cerebral é o componente mais importante da amostra. Nas técnicas de diagnóstico laboratorial, a identificação do agente é efectuada de preferência utilizando o teste de anticorpos fluorescentes (FAT). Uma gota de imunoglobulina purificada previamente conjugada com isotiocianato de fluoresceína (FITC) é adicionada a um esfregaço de tecido cerebral fixado em acetona, de preferência feito a partir de várias partes do sistema nervoso central. O FAT fornece um diagnóstico fiável em 98-100% dos casos para todas as estirpes do vírus da raiva, se for utilizado um conjugado potente. Para um grande número de amostras, como num inquérito epidemiológico, a reação em cadeia da polimerase (PCR) pode fornecer resultados rápidos em laboratórios especialmente equipados. As células neuronais infectadas foram demonstradas por testes histológicos e estes procedimentos revelam agregados de material viral ("corpos de Negri") no citoplasma dos neurónios. No entanto, as técnicas histológicas são muito menos sensíveis do que os métodos imunológicos, especialmente no caso de amostras de autólise. Por conseguinte, as técnicas histológicas já não podem ser recomendadas para o diagnóstico primário. Em caso de resultados inconclusivos da FAT, ou em todos os casos de exposição humana, recomenda-se a realização de outros testes (cultura de células ou testes de inoculação em ratos) na mesma amostra ou a repetição da FAT noutras amostras. Uma cultura em monocamada de células susceptíveis é inoculada com um conjunto de vários tecidos do SNC, incluindo o tronco cerebral. A FAT realizada após incubação adequada demonstrará a presença ou ausência de antigénio viral. Em alternativa, os ratos recém-nascidos ou com 3-4 semanas de idade podem ser inoculados por via intracerebral com um conjunto semelhante de tecidos e depois mantidos em observação durante 28 dias. Para qualquer ratinho que morra entre 5 e 28 dias após a inoculação, a causa da morte deve ser confirmada por FAT. Sempre que possível, o isolamento do vírus em cultura celular deve substituir os testes de inoculação no rato. A identificação do agente pode ser complementada em laboratórios especializados pela identificação de quaisquer estirpes de vírus variantes através da utilização de anticorpos monoclonais, sondas específicas de ácidos nucleicos ou a reação em cadeia da polimerase seguida de sequenciação do ADN de áreas genómicas. Estas técnicas podem distinguir entre estirpes de campo e estirpes vacinais e identificar a origem geográfica das estirpes de campo. Estes testes muito sensíveis devem ser utilizados por pessoal bem treinado em laboratórios especializados. Os ensaios de neutralização do vírus (VN), como teste serológico, são testes prescritos para verificar as respostas à vacinação antes da circulação ou do comércio internacional de animais. Os resultados são expressos em unidades internacionais relativamente a um antissoro padrão internacional. Em alternativa, podem ser utilizados testes validados que se sabe estarem correlacionados com estes, nomeadamente os ensaios de imunoabsorção enzimática que utilizam anticorpos contra a proteína G ou o vírus inteiro (OMS, 2005; Organização Mundial da Saúde Animal, 2011).

As vacinas contra a raiva para utilização em animais contêm vírus vivos atenuados para a espécie-alvo ou vírus inactivados por meios químicos ou físicos, ou vacinas recombinantes. O vírus é cultivado em ovos embrionados ou em culturas celulares. As vacinas contra a raiva são geralmente liofilizadas, mas as vacinas de vírus inactivados, de preferência com um adjuvante, podem ser armazenadas na forma líquida. Antes de as vacinas recentemente desenvolvidas poderem ser autorizadas, a duração da imunidade resultante da sua utilização é determinada em animais vacinados da espécie-alvo. As vacinas devem conferir imunidade protetora durante, pelo menos, um ano. No que respeita às vacinas de vírus vivos, deve ser estabelecido o teor mínimo de vírus que irá provocar uma resposta imunitária protetora. A potência das vacinas de vírus inactivados é estabelecida e controlada através de testes formulados pelo Departamento de Agricultura dos Estados Unidos da América ou pela Farmacopeia Europeia noutros países. Os produtos finais de ambos os tipos de vacina são submetidos a testes de inocuidade e ausência de toxicidade. No caso das vacinas vivas preparadas para a vacinação oral de animais selvagens (ou domésticos), deve ser demonstrada a sua segurança e eficácia nos animais visados e a sua segurança nas espécies não visadas (Organização Mundial da Saúde Animal, 2011).

1.2. Gestão da raiva no Nepal, génese do problema e investigação atual A raiva é uma zoonose prioritária no Nepal e representa um grave problema de saúde pública, com uma estimativa de morte de 200 pessoas por ano (Pant, 2010). A maioria dos casos humanos é transmitida por cães domésticos, que actuam como o principal hospedeiro reservatório e vetor (OMS, 2010). Os casos de raiva humana no Nepal são diagnosticados com base nos sinais clínicos e na história de mordedura de cão, e raramente são confirmados por testes laboratoriais. Em 2010, um total de 41.200 pessoas receberam profilaxia pós-exposição gratuita (Pant & Acharya, 2010). O número de tratamentos pós-exposição foi estimado em 411 por milhão de pessoas no Nepal (Bogel & Motschwiller 1986). A vacina para uso humano é importada de outros países. Não se sabe se a vacina importada corresponde geneticamente ao clado do vírus da raiva em circulação no Nepal para confirmar a proteção. A morte de 200 pessoas deve-se à indisponibilidade de vacinas contra a raiva, especialmente nas zonas rurais, mas a falta de sensibilização das pessoas para a raiva também é importante. A autoridade sanitária gasta anualmente 1 milhão de dólares para comprar a vacina contra a raiva para o tratamento pós-exposição, que está disponível gratuitamente. Em 2012, foram adquiridas 334.737 doses de vacina contra a raiva em cultura celular (comunicação pessoal, Departamento de Serviços de Saúde, Nepal). A vacina não está disponível para todas as vítimas em risco no país, pelo que a letalidade é mais elevada. O Centro de Epidemiologia Veterinária (2013) registou um número total de 54 surtos e 93 mortes de animais e vacinações de 24731 animais em 2013.

As instalações de diagnóstico laboratorial da raiva são limitadas no Laboratório Veterinário Central (CVL) em Katmandu. Todos os casos de animais não são confirmados por testes laboratoriais devido a dificuldades no transporte de amostras clínicas das zonas rurais. De acordo com o Animal Health and Animal Service Act 2056, a raiva não é uma doença de notificação obrigatória neste país, pelo que nem todos os casos de raiva são notificados à autoridade competente. No total, 43 amostras clínicas foram submetidas ao CVL de julho de 2012 a junho de 2013, das quais 18 foram positivas para a raiva (Laboratório Veterinário Central, 2012-2013). O Laboratório de Produção da Vacina contra a Raiva (RVPL) de Katmandu produz 50 000 doses de vacina contra a raiva de cultura celular para uso animal, o que não é suficiente para satisfazer as necessidades do país (Pant *et al.*, 2014). A população canina no Nepal está estimada em cerca de 1,9 milhões. Em Katmandu, a densidade de cães vadios era de 2 930 cães vadios/km2 e o rácio de cães vadios para humanos era de 1:4,7 (Kato *et al.*, 2003). A cobertura da vacina contra a raiva em cães domésticos é insignificante e a vacinação em cães vadios é um grande problema. Não existem instalações laboratoriais para a deteção de anticorpos em resposta à vacina contra a raiva em seres humanos e animais no país (Pant *et al.*, 2011). Na ausência de um plano de vigilância nacional ativo e de dificuldades no transporte de amostras, a vigilância passiva da raiva ocorre frequentemente apenas quando um animal morto e/ou infetado é trazido para o CVL. Por conseguinte, o estudo epidemiológico pormenorizado da caraterização molecular de vírus representativos do Nepal continua a ser limitado (Pant & Bhatta, 2011), o que constitui um pré-requisito para o controlo da doença. Os lisavírus têm uma diversidade genómica variada (Dalmes *et al.*, 2008). A caraterização molecular do vírus da raiva foi bem estudada nos países vizinhos, China (Zang *et al.*, 2006) e Índia (Nagraja *et al.*, 2008), mas limitada no Nepal devido à falta de recursos e de um programa nacional de vigilância da raiva.

Os programas de controlo da doença para eliminar a raiva no Nepal devem basear-se na epidemiologia molecular. A vacinação eficaz tem um papel fundamental na prevenção e no controlo da raiva. Essa vacina deve ser desenvolvida com base na caraterização molecular e na sequenciação correspondente do gene G do vírus selvagem e do vírus semente da vacina. Uma melhor compreensão da epidemiologia e da caraterização molecular do vírus da raiva circulante no Nepal é essencial para desenvolver uma estratégia de controlo para a prevenção da raiva no Nepal. Neste estudo, foram recolhidas e analisadas informações sobre a doença da raiva para compreender a epidemiologia da raiva. As amostras de vírus de campo foram testadas em laboratório e foi efectuada uma análise filogenética para conhecer os diferentes clados de vírus circulantes no Nepal. A sequência do vírus da semente da vacina foi comparada com a sequência do vírus de campo para desenvolver uma vacina contra a raiva candidata que seja eficaz para controlar a raiva no Nepal.

1.3. Objetivo

1.3.1. Objetivo geral

O objetivo geral desta investigação é estudar a epidemiologia do vírus da raiva no Nepal, identificar o clado circulante do vírus da raiva e desenvolver uma vacina eficaz contra a raiva para uso humano.

1.3.2. Objetivo específico

O objetivo específico de cada rubrica é descrito a seguir.

1.3.2.1. Estudo epidemiológico

1.3.2.1.1. Conhecer a prevalência da raiva em diferentes hospedeiros.

1.3.2.1.2. Conhecer a prevalência em diferentes localizações geográficas.

1.3.2.1.3. Conhecer a prevalência em diferentes estações do ano.

1.3.2.1.4. Conhecer o papel dos animais na transmissão da raiva ao ser humano.

1.3.2.2. Caracterização molecular

1.3.2.2.1. Deteção do vírus da raiva de campo em amostras colhidas utilizando o teste rápido de deteção de antigénios e o teste de anticorpos fluorescentes (FAT).

1.3.2.2.2. Isolamento do vírus da raiva selvagem em ratos e deteção da DL50.

1.3.2.2.3. Isolamento do vírus da raiva selvagem em cultura celular.

1.3.2.2.4. Deteção do vírus da raiva no terreno por Reação em Cadeia da Polimerase (PCR) e em tempo real (RT-PCR)

1.3.2.2.5. Sequenciação do gene da glicoproteína e da nucleoproteína.

1.3.2.2.6. Análise filogénica do vírus circulante no Nepal

1.3.2.3. Desenvolvimento de uma potencial vacina eficaz contra o clado circulante do vírus da raiva

1.3.2.3.1. Propagação de células Vero para produção de vacina contra a raiva humana

Capítulo 2

Revisão da literatura

2.1. Carga da raiva

2.1.1. Encargos globais

A raiva é uma doença zoonótica viral fatal de todos os animais de sangue quente, incluindo os seres humanos, causada pelo genótipo 1 (RABV) do género *Lyssavirus* da família Rhabdoviridae (Andrew *et al.*, 2011). A raiva está amplamente distribuída por todo o mundo e prevalece em mais de 150 países e territórios. Mais de 50 000 pessoas morrem anualmente devido à raiva. Cerca de 95% das mortes humanas ocorrem na Ásia e em África (Knobel *et al.*, 2005). Os cães são a fonte de 99% das mortes humanas devidas à raiva. Todos os anos, mais de 15 milhões de pessoas em todo o mundo recebem um regime pós-exposição (Talbi *et al.*, 2010) para evitar a doença, o que se estima que evite 327 000 mortes por raiva anualmente (OMS, 2010). Uma pessoa morre a cada 10 minutos no mundo devido à raiva. A raiva é 100% fatal e não há tratamento da doença uma vez que os sinais e sintomas tenham aparecido (Dacheux *et al.*, 2010). O custo médio das imunizações contra a raiva após uma mordedura suspeita de animal é de 40 dólares. Globalmente, a estratégia mais económica para a prevenção da raiva nas pessoas é a eliminação da raiva nos cães através da vacinação animal. O custo do controlo da raiva nos animais é 30 vezes inferior ao do controlo da raiva nos seres humanos. Pelo menos 70% da população canina deve ser vacinada regularmente (OMS, 2010). O peso global da raiva continua a ser largamente subestimado na maioria das áreas enzoóticas, particularmente em África e na Ásia (Knobel *et al.*, 2005; Ly *et al.*, 2009; Suraweera *et al.*, 2012). A incidência real da raiva humana está mal documentada, e os dados relacionados com o ciclo epidemiológico da raiva nas populações de animais domésticos e selvagens em alguns países asiáticos são escassos. O Programa Nacional de Erradicação da Raiva com vacinação eficaz em reservatório é necessário para controlar a raiva em países endémicos (OMS, 2012).

2.1.2. Carga na Ásia e em África

A mortalidade humana causada pela raiva canina endémica foi estimada em 55 000 mortes por ano (90% Cl: 24500-90800), estimando-se que 56% das mortes ocorram na Ásia e 44% em África. A maioria (84%) destas mortes ocorre em zonas rurais. A morte causada pela raiva é responsável por 1,47 milhões de anos de vida ajustados por incapacidade (DALY) perdidos todos os anos. Outros 0,04 milhões de DALYs são perdidos anualmente devido à morbilidade e à mortalidade resultantes dos efeitos secundários da vacina contra o tecido nervoso e ao impacto psicológico do medo e do trauma induzidos por mordeduras suspeitas de raiva. Este último é o mais difícil de traduzir em valor monetário, mas foi incluída uma estimativa num modelo que traduz todos estes componentes em DALYs diretos. O fardo psicológico da raiva ascende a 32385 DALYs em África e a 139893 DALYs na Ásia (OMS, 2004). O custo anual estimado da raiva em África e na Ásia é de 583,5 (90% Cl:540-626) milhões de dólares, com a maior parte do custo a ser suportado pelos países asiáticos onde é administrada uma grande quantidade de profilaxia pós-exposição (Ásia: US$ 563 (90% Cl: 520-605,8) milhões, África US$ 20,5 (90% Cl: 19,3-21,8) milhões). A maioria das despesas com a profilaxia pós-exposição é suportada pelos doentes que menos podem pagar. Em África e na Ásia, estima-se que o custo anual da perda de animais em consequência da doença seja de 12,3 milhões de dólares (OMS, 2004).

2.1.3. Encargos na SAARC

Todos os países da Associação de Cooperação Regional da Ásia do Sul (SAARC), com exceção das Maldivas, são endémicos e a SAARC contribui com 45% do fardo global da raiva humana, com 24 000 mortes por ano, de um total de 55 000 mortes em todo o mundo. A raiva canina é o principal padrão epidemiológico em cada país desta região. O cão desempenha um papel de mais de 92% na transmissão da raiva ao ser humano. Cerca de 1,5 mil milhões de pessoas estão em risco e 4 milhões de pessoas recebem tratamento pós-exposição anualmente. Os números de casos de raiva são mais elevados (22 000) na Índia e mais baixos (5) no Butão, bem como 5000 no Paquistão, 3000 no Afeganistão, 2000 no Bangladesh, 150 no Nepal e 50 no Sri Lanka (OMS, 2012).

2.1.4. Fardo no Nepal

A raiva é uma zoonose prioritária no Nepal, onde 200 pessoas morrem devido à raiva e 50 000 pessoas recebem tratamento pós-exposição anualmente após terem sido mordidas por animais raivosos, especialmente cães (Pant & Bhatta, 2011). O Governo do Nepal gasta anualmente 1 milhão de USD para comprar vacinas contra a raiva em cultura celular, que são disponibilizadas gratuitamente às vítimas (Contacto pessoal com a Divisão de Epidemiologia e Controlo de Doenças, 2013). Cerca de 20% das vítimas que vivem em zonas rurais não recebem a vacina gratuita, uma vez que esta não está facilmente disponível. Os habitantes das aldeias não estão conscientes da gravidade da doença e das medidas de controlo. O custo anual estimado da raiva humana no Nepal é de cerca de 25 milhões de Rs. O custo por mordedura por pessoa é de cerca de 5000 Rs para o tratamento pós-exposição. O custo da imunoglobulina para cavalos é de cerca de 5000 Rs por pessoa em caso de mordedura de 3rd graus (Dr. A. R. Pant, contacto pessoal Sukraraj Tropical and Infectious Disease Hospital, Teku, Kathmandu, 2014).

A vacina de cultura celular destina-se a seres humanos e a vacina animal é importada de outro país. O preço de mercado da vacina anti-rábica importada é de 500 Rs /dose para a vacina humana e 200 Rs/dose para a vacina animal. O Laboratório de Produção de Vacinas contra a Raiva produz anualmente 50 000 doses de vacina inactivada de cultura celular (NeJaRab) para uso animal (Pant *et al.,* 2014), o que não é suficiente para vacinar 1,8 milhões de cães por ano. O preço de mercado da vacina NeJaRab é de 55 Rs/dose (Direção de Saúde Animal, 2013).

Anualmente, 200-300 animais morrem de raiva no Nepal (VEC, 2013) e a perda económica para os agricultores devido à raiva animal é estimada em cerca de 20 milhões de Rs por ano. O gado é uma importante fonte de alimentos, de rendimento dos agricultores e os animais de trabalho contribuem para os meios de subsistência. No Nepal, o gado bovino, os búfalos, as ovelhas, os cavalos e os burros são utilizados para a lavoura e o transporte de pessoas e mercadorias. Os cães são habitualmente mantidos para guardar propriedades, para companhia amigável e por valor cultural. O impacto económico da raiva inclui a perda direta de vidas humanas e animais e a consequente perda de produtividade e de mão de obra. Os custos incorridos para pagar o diagnóstico, o tratamento, o transporte e a profilaxia pós-exposição são um encargo significativo para a família e a comunidade (Balogh *et al.,* 2011). A perda económica para os agricultores devido à raiva animal é estimada em cerca de 20 milhões de Rs por ano. A raiva pode ter um efeito negativo na indústria do turismo (Boggild *et al.,* 2007), nas crianças em idade escolar e na segurança alimentar no Nepal. A incidência de uma possível exposição à raiva durante uma caminhada foi de 1,2 por 1 000 pessoas por ano (Pandey *et al.,* 2002). Por conseguinte, recomenda-se a imunização de pré-exposição à raiva para os viajantes internacionais antes de visitarem o Nepal (Ranney *et al.,* 2007). O Nepal tem uma das taxas per capita mais elevadas de mortes por raiva humana registadas no mundo. O Centro de Tratamento de Animais de Kathmandu afirma que 200 pessoas morrem anualmente no Nepal devido à raiva, uma vez que só em Kathmandu são registados 35 000 cães de rua. De acordo com outro estudo, existem 2.930 cães por quilómetro quadrado no vale de Katmandu e o rácio entre humanos e cães vadios é de 4,7-1. E a enorme população de cães vadios aumenta as probabilidades de infeção por raiva (Yousaf *et al.,* 2012).

2.2. Descrição do vírus da raiva

2.2.1. Propriedades do vírus

É um vírus de ARN de cadeia simples, em forma de bala, contendo lípidos (Hummeler & Koprowski, 1969). A partícula *do Lyssavirus* tem a forma de uma bala, com 100-300 nm de comprimento e 75 nm de diâmetro (Meslin *et al.,* 1996). A superfície exterior dos viriões está coberta por projecções (peplómeros) com 5-10 nm de comprimento e cerca de 3 nm de diâmetro. São constituídos por trímeros da glicoproteína viral (G). Observa-se um padrão em favo de mel de peplómeros na superfície dos vírus. Internamente, o nucleocapsídeo, com cerca de 30-70 nm de diâmetro, apresenta uma simetria helicoidal e pode ser visto como estrias transversais em partículas de vírus coradas negativamente e seccionadas em lâminas delgadas. O nucleocapsídeo é constituído por um complexo de ARN e proteína N, juntamente com as proteínas L e P. Um invólucro lipídico que contém a glicoproteína G interage com os nucleocapsídeos através da proteína M. O nucleocapsídeo contém atividade transcriptase e é infecioso. Não enrolado, é filamentoso, com cerca de 700 nm e 20 nm de diâmetro (Fauquet & Fargette, 2005).

Este vírus é sensível a solventes lipídicos (solução de sabão, éter, clorofórmio e acetona), etanol a 45-70%, preparação de iodo e compostos de amónio quaternário (Kaplan *et al.,* 1996). Entretanto, o vírus é resistente à secagem, à congelação e descongelação repetidas e estável a pH 5-10, mas é sensível às temperaturas de pasteurização e à luz ultravioleta. O ácido nucleico deste vírus é facilmente inactivado pela beta-propiolactona (OMS, 1973).

O vírus da raiva (RABV) é a espécie protótipo do género *Lyssavirus*, da família Rhabdoviridae (Andrew *et al.,* 2011). Os membros deste género viral incluem vírus de cadeia simples, de sentido negativo, com um tamanho de genoma de quase 12 kb. Entre as 12 espécies de *Lyssavirus* identificadas até à data, o RABV tem a mais ampla distribuição geográfica e o mais amplo espetro de vectores ou hospedeiros reservatórios dentro das ordens Carnivora e Chiroptera (Nel & Markotter 2007; Dacheux *et al.,* 2010).

2.2.2. Estrutura do *Lyssavirus*

Este vírus é um genoma de ARN segmentado de polaridade negativa que codifica cinco proteínas virais (3' a 5'): nucleoproteína N, fosfoproteína P, matrixproteína M, glicoproteína G e polimerase L. É composto por duas unidades estruturais e funcionais. O invólucro exterior é coberto por projecções em forma de espiga (10 nm de comprimento) que correspondem a trímeros da proteína G que reconhecem receptores virais específicos nas membranas das células susceptíveis. O ribonucleocapsídeo interno, embalado helicoidalmente, que é composto pelo ARN genómico intimamente associado à proteína N, à polimerase L e ao seu cofator, a proteína P (anteriormente designada M1). O complexo ribonucleocapsídeo assegura a transcrição e a replicação do genoma no citoplasma. Finalmente, a proteína M (anteriormente designada M2) ocupa uma posição intermédia entre o ribonucleocapsídeo e o invólucro, sendo responsável pelo brotamento do vírus e pela morfologia em forma de bala.

2.2.3. Serotipo e genótipo do *Lyssavirus*

Até 1956 e aos primeiros isolamentos de vírus relacionados com a raiva em África, acreditava-se que o vírus da raiva era único e antigenicamente distinto de outros membros da família Rhabdoviridae. Este facto justificou a criação do género *Lyssavirus* (grego lyssa: raiva) para os vírus responsáveis pela encefalite semelhante à raiva. O género foi inicialmente dividido em quatro serótipos (1-4) por reatividade antigénica cruzada com soros e anticorpos monoclonais, que são 1. Vírus da raiva (RABV), 2. vírus do morcego de Lagos (LBV), 3. vírus Mokola (MOKV) e 4. Vírus Duvenhage (DUVV). Outros isolamentos de novos Lyssaviruss de morcego na Europa e depois na Austrália e o progresso na caraterização genética de vários genes (N, P e G) apoiaram a delineação de sete genótipos (1-7), confirmando e expandindo os dados antigénicos: 1. RABV, 2. LBV, 3. MOKV, 4. DUVV, 5. European bat lyssavirus 1 (EBLV 1), 6. European bat lyssavirus 2 (EBLV 2) e 7. Australian bat *Lyssavirus* (ABLV). Dentro de cada genótipo, as sub-linhagens correspondem a variantes que circulam em regiões geográficas e/ou hospedeiros animais específicos. Os genótipos dividem-se ainda em dois filogrupos, incluindo os genótipos 1, 4, 5, 6 e 7 (filogrupo I); e 2 e 3 (filogrupo II). Os vírus de cada filogrupo diferem nas suas propriedades biológicas (Suraweera *et al.*, 2012).
Atualmente, *os lisavírus* estão classificados em doze genótipos, nomeadamente o vírus clássico da raiva (RABV), o vírus do morcego de Lagos (LBV), o vírus Mokola (MOKV), o vírus Duvenhage (DUVV), os lisavírus de morcego europeu tipo 1 (EBLV1) e tipo 2 (EBLV2), *Lyssavirus* de morcego australiano (ABLV) e quatro *Lyssavirus* (Aravan virus [ARAV], Khujand virus [KHUV], Irkut virus [IRKV] e West Caucasian bat virus [WCBV]), que foram isolados de morcegos euro-asiáticos e foram recentemente ratificados como novas espécies de *Lyssavirus* (ICTV). Além disso, um novo *Lyssavirus* identificado (vírus do morcego Shimoni) foi isolado de um morcego no Quénia (Kuzmin *et al.* 2008) e aguarda classificação oficial. O RABV é encontrado em todo o mundo e é responsável pela esmagadora maioria dos casos de raiva animal e humana notificados. Outros *Lyssavirus* parecem ter uma área geográfica e de hospedeiros mais restrita, tendo a maioria sido isolada de morcegos. No entanto, todos os *Lyssavirus* testados até à data causam doença clínica indistinguível da raiva clássica. Os locais antigénicos conservados nas proteínas do nucleocapsídeo permitem o reconhecimento de todos os *Lyssavirus* com preparações comerciais modernas de conjugados de anticorpos anti-rábicos utilizados para testes de diagnóstico no tecido cerebral. Os *Lyssavirus* foram divididos em dois filogrupos com patogenicidade e imunogenicidade distintas (Badrane *et al.*, 2001). Para o RABV, o DUVV, o EBLV e o ABLV, os locais antigénicos conservados nas glicoproteínas de superfície permitem a neutralização cruzada e a imunidade de proteção cruzada a ser desencadeada pela vacinação anti-rábica. Foi observada uma proteção reduzida com a vacinação pré-exposição e com a profilaxia convencional pós-exposição à raiva contra o IRKV, o ARAV e o KHUV (Hanlon *et al*, 2005) e todas as espécies de *Lyssavirus* supramencionadas foram atribuídas ao filogrupo 1. A vacinação anti-rábica produz pouca ou nenhuma proteção cruzada contra a infeção com os membros do filogrupo 2 (MOKV e LBV) e a maioria dos anti-soros anti-rábicos não neutraliza estes *Lyssavirus* (Badrane *et al.*, 2001). O WCBV não apresenta reação serológica cruzada com nenhum dos dois filogrupos.
É importante notar que os morcegos são reservatórios e vectores para seis dos sete genótipos caracterizados até agora (o reservatório/vetor preciso para o genótipo 3, MOKV, continua por determinar). Para cinco genótipos, os morcegos são os vectores exclusivos, e apenas o genótipo 1, RABV, inclui também vectores terrestres (principalmente carnívoros). O genótipo 1 corresponde ao vírus da raiva clássico e está disseminado em animais domésticos ou selvagens em todo o mundo. Os genótipos 2-7 têm uma distribuição geográfica e uma gama de hospedeiros mais restrita (até à data, a maioria está confinada ao Velho Mundo e à Austrália). A classificação irá evoluir, nomeadamente à medida que a vigilância do *vírus* da *raiva* dos morcegos for reforçada. Quatro isolados recentes de *Lyssavirus* de morcego na Ásia Central, na Sibéria Oriental e na região do Cáucaso têm de ser caracterizados como novos genótipos: vírus Aravan (ARAV), vírus Khujand (KHUV), vírus Irkut (IRKV) e vírus do morcego caucasiano ocidental (WCBV).
Os lisavírus apresentam uma ampla reatividade antigénica cruzada ao nível do nucleocapsídeo, principalmente devido à conservação da sequência da proteína N: As identificações de aminoácidos variam entre 78% (MOKV e EBLV 2) e 93% (DUVV e EBLV 1). Este facto permite a utilização de reagentes semelhantes para o diagnóstico por imunofluorescência. O ectodomínio da proteína G (que contém os principais sítios antigénicos) é mais variável e a neutralização cruzada existe entre lissavírus do mesmo filogrupo (74% de identificação de aminoácidos no ectodomínio), mas não entre filogrupos (62% de identificação de aminoácidos no ectodomínio). As provas experimentais obtidas até à data indicam que as estirpes vacinais (todas pertencentes

ao genótipo 1 do filogrupo I) são ineficazes para a proteção contra a infeção por *Lyssavirus* do filogrupo II (WHO Expert Consultation on Rabies, 2004)

2.3. Hospedeiro natural

Todos os mamíferos, incluindo os seres humanos, são susceptíveis. Os graus de suscetibilidade variam consoante a espécie animal. As raposas, coiotes, chacais, lobos, ratos canguru, ratazanas do algodão e ratazanas comuns são extremamente susceptíveis. Os hamsters, as doninhas, os guaxinins, os gatos domésticos, os morcegos, as ratazanas, os mangustos, os suricatas, os roedores e o gado são altamente susceptíveis. Os cães, as ovelhas, as cabras, os cavalos, os primatas não humanos e os bobeats são moderadamente susceptíveis, ao passo que os gambás são menos susceptíveis (Gerring *et al.*, 1995)

2.4. Distribuição

Diferentes variantes do vírus da raiva e ou do *Lyssavirus* relacionado com a raiva ocorrem em todos os continentes, exceto na Antárctida (Wandeler, 2011). A raiva tem distribuição mundial (Neil & Markotter, 2007) e está presente na maior parte da Europa, exceto no Reino Unido, na Irlanda e em partes da Escandinávia. Desde o seu início em 1939, uma epidemia de raiva da raposa que começou na fronteira entre a Polónia e a Rússia tem vindo a deslocar-se para oeste através da Europa continental, mas a sua progressão parece ter abrandado nos últimos anos. A raiva é também prevalente em África, no Médio Oriente, na maior parte da Ásia e na América do Norte, Central e do Sul. Japão, Singapura, a maior parte da
A Malásia, a Nova Zelândia, a Papua-Nova Guiné e as ilhas do Pacífico estão indemnes da doença (Gerring *et al.*, 1995).

2.5. Transmissão

O cão doméstico continua a ser o principal reservatório e vetor da raiva nos países em desenvolvimento, sendo responsável por quase todas as mortes humanas. Vários carnívoros selvagens (Smith *et al.*, 19950) também estão envolvidos na manutenção do VRAI e na transmissão da raiva silvestre em regiões geográficas limitadas, com uma pequena contribuição para o fardo da raiva humana (OMS, 2005). Outras espécies de mamíferos terrestres, incluindo espécies pecuárias, são susceptíveis à raiva mas não transmitem a doença, actuando como hospedeiros epidemiológicos sem saída (Nel & Markotter, 2007). O cão também foi identificado como o provável vetor principal envolvido na transmissão interespécies do VRAI. De facto, as análises filogeográficas indicaram que o atual VRAI de mamíferos não voadores se agrupa em seis grandes clados geograficamente distintos, com uma forte indicação de que estes clados partilham um antepassado comum originário de cães domésticos na parte sul do subcontinente indiano e que a subsequente diversificação evolutiva ocorreu provavelmente nos últimos 1500 anos (Bourhy *et al.*, 2008).

O vírus da raiva é transmitido pela contaminação de uma ferida recente com saliva infetada, normalmente pela mordedura de animais raivosos. A lambedura de pele ferida também constitui um risco. Os cães são o principal hospedeiro e transmissor da raiva. São a fonte de infeção em todas as 55 000 mortes por raiva humana estimadas anualmente na Ásia e em África. O cão tem um papel de 95% na transmissão da raiva em humanos na Ásia, África e América Latina (Wandeler, 2011). Os morcegos são a fonte da maioria das mortes por raiva humana nos Estados Unidos da América (McColl *et al.*, 2000), no Canadá, na Austrália, na América Latina e na Europa Ocidental (Amengual *et al.*, 1997; OMS, 2004). A morte humana após exposição a raposas, guaxinins, gambás, chacais, mangustos e outras espécies hospedeiras de carnívoros selvagens é muito rara (OMS, 2005; CDC, 2011). Geralmente, a raiva não é transmitida aos seres humanos devido à mordedura de coelhos e ratos. O vírus não penetra na pele intacta. A transmissão respiratória e oral também pode ocorrer, mas apenas em circunstâncias muito excepcionais. Existe o risco de transmissão da infeção através do transplante de órgãos. Até à data, a raiva não foi transmitida pelo consumo de carne e de leite. A transmissão de pessoa para pessoa, vertical e sexual, é uma realidade.

2.6. Patogénese em animais

O vírus multiplica-se em células musculares estriadas no local da picada e parece que o vírus passa a maior parte do longo período de incubação neste local; uma resposta imunitária não é estimulada nesta fase. No entanto, o vírus é acessível aos anticorpos na sua fase pré-neural, e esta é a base da imunoterapia clássica pós-exposição, iniciada por Pasteur.

A propagação do vírus para o sistema nervoso central é estritamente neural. O vírus atravessa a junção neuromuscular utilizando receptores de acetilcolina e move-se centripetamente ao longo do axoplasma do nervo periférico, multiplicando-se nos neurónios dos gânglios da raiz dorsal. Segue-se uma onda ascendente de infeção neuronal e disfunção nervosa no cérebro. A lise das células no cérebro não é uma caraterística pronunciada; a maior parte dos danos parece ser a nível bioquímico. A infeção do sistema límbico é responsável pela raiva furiosa, e a do neocórtex pela raiva muda.

O vírus também se dissemina do sistema nervoso central para as glândulas salivares ao longo das vias neurais. O vírus é excretado na saliva em 50-90% dos casos, dependendo da espécie hospedeira e da estirpe infetante, e pode começar até sete dias antes do início dos sinais clínicos. Ao mesmo tempo, o vírus também se dissemina através das vias neurais para outros tecidos, incluindo os pulmões, os rins, o coração, a pele do rosto e a córnea. Os anticorpos neutralizantes circulantes normalmente só aparecem numa fase tardia da síndrome clínica. Na raiva, não há viremia. O vírus é excretado na urina e na saliva, mas não na face (Gerring *et al.,* 1995; Organização Mundial de Saúde Animal, 2011)

2.7. Patogénese no ser humano

A entrada do vírus da raiva ocorre através de feridas ou do contacto direto com superfícies mucosas. O vírus não consegue atravessar a pele intacta. O vírus replica-se então em tecidos não nervosos ou entra diretamente nos nervos periféricos e viaja por fluxo axoplasmático retrógrado até ao sistema nervoso central (SNC). Dependendo da espécie animal, podem estar envolvidas fibras motoras e sensoriais. A proximidade do local de entrada do vírus no SNC aumenta a probabilidade de um curto período de incubação. A velocidade estimada de migração do vírus é de 15-100 mm por dia. O vírus desloca-se então do SNC através de um fluxo axoplasmático anterógrado nos nervos periféricos, levando à infeção de alguns tecidos não nervosos adjacentes: por exemplo, os tecidos secretores das glândulas salivares. O vírus está amplamente disseminado por todo o corpo aquando do início do quadro clínico. O primeiro sintoma clínico é geralmente uma dor neuropática no local da ferida. Esta é causada pela replicação do vírus nos gânglios da raiz dorsal e pela ganglionite. Os principais sinais clínicos estão relacionados com a encefalomielorradiculite induzida pelo vírus. Observam-se duas apresentações clínicas principais: formas furiosas e paralíticas que não podem ser correlacionadas com qualquer localização anatómica específica do vírus da raiva no SNC. No entanto, a disfunção dos nervos periféricos é responsável pela fraqueza na raiva paralítica. Na raiva furiosa, os estudos electrofisiológicos indicam disfunção das células do corno anterior, mesmo na ausência de fraqueza clínica. Sem cuidados intensivos, a morte ocorre dentro de alguns dias (1-5 dias) após o desenvolvimento de sinais neurológicos. A raiva é inevitavelmente fatal (OMS, 2004).

2.8. Período de incubação

O período de incubação é variável em todas as espécies e é influenciado por factores como a estirpe do vírus, a quantidade de vírus injectada e o grau de inervação sensorial do local da picada. O período de incubação varia de 2 semanas a 6 meses (média de 2-3 meses), dependendo da quantidade de vírus nos inóculos e do local de inoculação. Geralmente, é de cerca de 2-8 semanas, mas pode variar de menos de uma semana a um ano. Após o aparecimento dos sinais clínicos, a morte é inevitável no prazo de 10 dias (OMS, 2010 & CDC, 2011). Os sintomas e sinais clínicos variam consoante as espécies animais.

2.9. Sinais clínicos

Os sinais e sintomas clínicos são variáveis no ser humano e nas diferentes espécies de animais.

2.9.1. Humano

Os primeiros sintomas da raiva são semelhantes aos da gripe, incluindo febre, dor de cabeça, fadiga, e depois progridem para envolver os sintomas respiratórios, gastrointestinais e ou do sistema nervoso central. Na fase crítica, predominam os sinais de hiperatividade (raiva furiosa) ou de paralisia (raiva muda). As pessoas com raiva furiosa apresentam sinais de hiperatividade, comportamento excitado, hidrofobia e, por vezes, aerofobia (Pant *et al.,* 2011). Após alguns dias, a morte ocorre por paragem cardio-respiratória. A forma muda da raiva aparece em cerca de 30% do número total de casos humanos e tem uma evolução mais longa. Os músculos ficam geralmente paralisados, começando no local da mordedura ou do arranhão. O coma desenvolve-se lentamente e, por fim, ocorre a morte. A forma muda ou paralítica da raiva é frequentemente mal diagnosticada, contribuindo para a subnotificação da doença. Tanto na raiva furiosa como na raiva muda, alguma paralisia acaba por progredir para paralisia completa, seguida de coma e morte em todos os casos, normalmente devido a insuficiência respiratória. Sem cuidados intensivos, a evolução da doença ocorre durante os primeiros sete dias de doença (OMS, 2010).

2.9.2. Animais

Os sinais clínicos da raiva em diferentes animais são variáveis (Geering *et al.,* 1995) e são descritos da seguinte forma.

2.9.2.1. Cães

Existe uma fase prodrómica que dura 2-3 dias, mas que muitas vezes passa despercebida ao dono do cão. Nesta fase, há uma mudança súbita no temperamento. Os cães que normalmente são amigáveis com as pessoas tornam-se subitamente irritadiços e inseguros, e os cães tímidos tornam-se afectuosos. Pode registar-se um aumento da temperatura e uma dilatação das pupilas. A fase prodrómica é seguida por uma das duas síndromes: raiva furiosa ou raiva muda. A forma muda é mais comum, mas alguns cães podem alternar entre raiva furiosa e muda. A evolução clínica é frequentemente mais curta na raiva muda, mas em ambas as formas a morte ocorre 3-7 dias após o fim da fase prodrómica. Pode haver hiperestesia no local da ferida. Na forma furiosa, o cão torna-se invulgarmente irrequieto, raramente se deitando ou sentando no mesmo sítio por mais do que um curto período de tempo e, se estiver confinado, movimenta-se incessantemente. As pupilas estão dilatadas, há perda do reflexo corneano e, por vezes, um estrabismo. O animal assume um olhar atento, perplexo ou apreensivo (um sinal importante) e pode estalar contra objectos imaginários. Verifica-se uma alteração da fonação, muitas vezes com um uivo rouco caraterístico de baixa frequência. Em certos períodos, o cão parece possuir uma força anormal e uma insensibilidade à dor. As barras das gaiolas, os móveis e outros objectos são frequentemente atacados, ao ponto de os dentes do animal ficarem reduzidos a cotos e a boca lacerada. Se o cão não estiver sob controlo, esta energia excitável manifesta-se através de uma corrida furiosa e sem objetivo (por vezes de longa distância) e de ataques a objectos animados ou inanimados no seu caminho. Há um apetite depravado, com os animais a comerem pedras, terra e outros objectos. Os sinais de fúria diminuem após 1-4 dias e são substituídos por ataxia, convulsões e paralisia ascendente que progridem rapidamente.

Na forma muda, o cão permanece quieto, não é irritável e morde apenas quando provocado. É letárgico e pode esconder-se atrás de qualquer cobertura. O olhar atento e apreensivo, observado na forma furiosa, também está presente. Há tremores musculares e paralisia dos quartos traseiros. Um sinal tardio caraterístico é a paralisia da mandíbula (mandíbula caída). A língua também está paralisada e pende flacidamente da boca, e há baba de saliva com vírus (Vaughn & Newell, 1965). O cão é incapaz de comer. Também não consegue beber água, embora possa esforçar-se por o fazer. Ao contrário da raiva humana, a hidrofobia é um sinal raro em cães e outros animais. A paralisia aumenta e a morte sobrevém em poucos dias, geralmente por paralisia dos músculos respiratórios.

2.9.2.2. Gato

Os sinais clínicos nos gatos são geralmente semelhantes aos dos cães, mas a forma furiosa ocorre em cerca de 75% dos casos. A fase prodrómica raramente dura mais de 24 horas. A fase furiosa dura 1-4 dias. Os gatos raivosos escondem-se frequentemente, de onde saem para atacar ferozmente as pessoas ou outros animais quando se aproximam. As pupilas estão dilatadas, as costas arqueadas, as garras salientes e a salivação (Vaughn *et al.,* 1963). Podem miar continuamente e ficarem roucos. À medida que a doença progride para a fase paralítica, o animal apresenta uma acentuada perda de coordenação, seguida de paralisia posterior. Os músculos da cabeça ficam paralisados e o animal entra rapidamente em coma e morre.

2.9.2.3. Cavalos

Nos cavalos, os períodos de excitação e agressividade acentuadas alternam com períodos de relativa calma. Nos períodos de excitação, os cavalos afectados ficam inquietos, olham fixamente, dão patas, mexem as orelhas e puxam os lábios superiores para trás e para a frente continuamente, e salivam excessivamente. A excitação sexual pode ser intensa. Rangem frequentemente os dentes, relincham como se estivessem a sofrer muito e mostram sinais de cólicas agudas. Podem atacar com grande fúria qualquer ameaça ou restrição aparente e morder ou atacar outros animais ou objectos em movimento. É frequente morderem ou esfregarem o local de exposição, causando auto-mutilação. À medida que a paralisia se desenvolve, os cavalos caem repetidamente, permanecendo finalmente no chão com as pernas a bater. Há disfasia. Em alguns casos, a fase excitatória está ausente e há disfasia, deambulação sem objetivo ou cambaleante, e uma paralisia que se desenvolve rapidamente.

2.9.2.4. Gado

Nos bovinos, há depressão inicial e cessação da produção de leite. A paralisia dos músculos da garganta, o ranger dos dentes e o excesso de salivação são comuns e podem levar a um falso diagnóstico de obstrução esofágica. Os bovinos podem mugir frequentemente com uma voz grave. Verifica-se um aumento da excitação sexual. Alguns animais desenvolvem uma ou mais fases de fúria e podem atacar outros animais ou objectos. Atacam e dão cabeçadas, mas raramente mordem. Alguns animais mostram pouca excitação. À medida que a paralisia se desenvolve, os bovinos ficam com os nós dos pés para baixo, tropeçam e caem frequentemente. Por fim, são incapazes de se levantar, entram em coma e morrem.

2.9.2.5. Ovinos

É frequente ocorrerem vários casos quase simultâneos num rebanho, resultantes de múltiplos ataques de um animal predador raivoso. Há um período de excitação durante o qual os ovinos afectados se movem sem descanso, salivam e rangem os dentes. Mostram também contração dos lábios e oscilação da língua, puxão de lã e agressividade contra outras ovelhas ou objectos. Os carneiros demonstram excitação sexual. As ovelhas podem ser silenciosas ou emitir balidos frequentes de cavalo. A fase de excitação é seguida de depressão, aumento da fraqueza, paralisia e decúbito. Os ovinos morrem geralmente nas 72 horas seguintes ao aparecimento dos sinais clínicos.

2.9.2.6. Porcos

Os porcos afectados tendem a ficar a tremer num canto escuro, mas podem sair a correr e morder se forem provocados. Podem esfregar-se ou roer o local da mordedura. Há um grunhido profundo anormal. É frequente o apetite deficiente. Pode haver períodos alternados de atividade intensa e de repouso. As porcas podem matar as suas crias. Há um entorpecimento crescente da coordenação e paralisia.

2.9.2.7. Raposas

Nas raposas, ocorrem as formas burra e furiosa. Há anorexia, agitação e um grito anormal caraterístico. Perde-se o medo normal das pessoas e dos outros animais. Uma raposa raivosa pode rosnar, atacar e atacar pessoas, animais e até veículos que passam. À medida que a doença progride, torna-se mais confusa e descoordenado. Com o início da paralisia, cai e pode não conseguir levantar-se. Pode tentar arrastar-se antes de entrar em coma e morrer.

2.9.2.8. Outras espécies de vida selvagem

Noutras espécies de animais selvagens, os sinais clínicos são variáveis. Uma caraterística comum mais importante é a perda da timidez normal e do medo de pessoas e outros animais. Este facto torna estes animais particularmente perigosos para as crianças, que interpretam erradamente este comportamento como um sinal de simpatia.

2.10. Diagnóstico diferencial da raiva em animais

A raiva manifesta sintomas clínicos semelhantes aos de outras doenças, como a esgana canina, a hepatite infecciosa canina, a doença de Aujeszky, a doença de Borna, a encefalomielite viral equina. Encefalose equina, doenças bacterianas e micóticas do SNC, incluindo Listeriose e Cryptococcosois, envenenamento por metais pesados, pesticidas, fluoroacetato de sódio, hidrocarbonetos clorados, pesticidas organofosforados e tricloreto de azoto, corpo estranho no esófago ou na orofaringe e outras lesões traumáticas, psicose aguda em cães e gatos. Estas condições devem ser diferenciadas da raiva através de um diagnóstico laboratorial. (Geering *et al.,* 1995)

2.11. Método de amostragem e diagnóstico laboratorial

2.11.1. Recolha e transporte de amostras

Como os vírus são transmissíveis aos seres humanos, todo o material suspeito de estar infetado deve ser manuseado nas condições de segurança adequadas especificadas pela OMS (OMS, 1996). Em geral, as práticas de segurança de nível de biossegurança 2 são adequadas para o diagnóstico laboratorial de rotina. Para além da conceção básica das instalações, é necessário vestuário de proteção pessoal e vacina anti-rábica pré-exposição para as pessoas que manuseiam animais vivos ou mortos suspeitos ou infectados. São necessárias medidas de precaução semelhantes para o pessoal do laboratório. As amostras clínicas, como a saliva, o folículo piloso e o líquido cefalorraquidiano, são colhidas em seres humanos vivos, ao passo que a amostra de cérebro é colhida em animais ou seres humanos mortos. No caso de animais de grande porte, a cabeça do animal deve ser separada, embalada num recipiente estanque ou num saco de polietileno e enviada para o laboratório no prazo de 24 horas após a morte. No caso dos animais de pequeno porte, o corpo inteiro pode ser enviado para o laboratório. O caucus deve ser aberto e as amostras de cérebro devem ser colhidas apenas no laboratório. A via do forame occipital descrita por Barrat & Blancou (1988) e a via retro-orbital descrita por Montano *et al.* (1991) são utilizadas para a colheita de amostras de cérebro em animais (Hirose *et al.,* 1991). O hipocampo e a medula oblonga do cérebro são os tecidos de eleição para o diagnóstico laboratorial. A amostra de cérebro é colhida num recipiente esterilizado e mantida a uma temperatura de 4^0 C até à análise laboratorial (Bingham & Vander, 2002). Em alternativa, a amostra de cérebro pode ser conservada em solução salina tamponada com fosfato de glicerina a 50%. A amostra pode ser armazenada a -80 0C durante um período mais longo. A formalina inativa o vírus, pelo que os testes de isolamento do vírus não podem ser utilizados e o diagnóstico depende da utilização de um teste de anticorpos fluorescentes diretos modificados (FAT), da reação em cadeia da polimerase (PCR) (menos sensível do que estes testes em tecido fresco), da imunohistoquímica ou da histologia (Warner *et al.*, 1997). Uma alternativa para o transporte de amostras para técnicas moleculares é a utilização do sistema FTA Gene Guard (Picard-Meyer *et al.*, 2007). O papel FTA preserva o ARN do vírus da raiva no interior da matriz de fibras, permitindo o transporte de amostras à temperatura ambiente sem precauções específicas de risco biológico para posterior caraterização das estirpes de raiva (Organização Mundial da Saúde Animal, 2011)

As amostras para diagnóstico laboratorial devem ser transportadas de acordo com a regulamentação nacional e internacional (IATA) para evitar riscos de exposição. Os espécimes são embalados de acordo com a classificação (UN2814) e as instruções de embalagem (P 620 pakaging) como *substâncias infecciosas*. Podem ser utilizadas várias técnicas laboratoriais, que foram pormenorizadas e normalizadas (OMS, 1996). Os métodos variam quanto à sua eficácia, especificidade e fiabilidade. São classicamente aplicados ao tecido cerebral, mas também podem ser aplicados com sensibilidade e especificidade variáveis a outros órgãos (por exemplo, glândulas salivares). No cérebro, o antigénio do vírus da raiva é particularmente abundante no tálamo, na ponte e na medula. Recomenda-se que seja colhido e testado um conjunto de tecidos cerebrais que inclua o tronco cerebral (Bingham & Vander, 2002). Devem ser tomadas precauções ao manusear tecidos do sistema nervoso central de casos suspeitos de raiva. Devem ser sempre usadas luvas e devem ser tomadas precauções para evitar a formação de aerossóis. Os instrumentos de corte, tesouras e bisturis, devem ser utilizados com cuidado para evitar ferimentos e contaminação.

2.11.2. . Diagnóstico laboratorial

O diagnóstico da raiva é efectuado em laboratório através de diferentes testes, como o teste rápido de deteção de antigénios (RADT) (Kang *et al.*, 2007), o teste dos corpos de Negri, o teste de anticorpos fluorescentes (FAT) (Warner *et al.*, 1997). Teste imunoquímico (Lembo *et el.*, 2006), Teste de inoculação no rato (MIT) (Rudd & Trimarchi, 1989), Ensaio de imunoabsorção enzimática (ELISA) (Bourhy, 1989; Servat *et al*, 2007), isolamento do vírus (VI), (Rudd & Trimarchi, 1989) em linha celular, teste de reação em cadeia da polimerase com transcriptase reversa (PCR) e teste de PCR em tempo real (Fooks *et al.*, 2009; Fooks *et al.*, 2011; Bourhy *et al.*, 1993; Warner *et al.*, 1997). Os testes moleculares não são utilizados no diagnóstico regular da raiva, uma vez que são menos sensíveis em amostras de tecido recolhidas após a morte (Comité de Peritos da OMS em Raiva, 2005). Os anticorpos vacinais em resposta ao antigénio viral em animais ou seres humanos vacinados podem ser detectados através do teste rápido de inibição do foco fluorescente (RFFIT) ou do teste de neutralização do vírus por anticorpos fluorescentes (FAVN) (Servat *et al.*, 2007) e do teste ELISA (Xu *et al.*, 2007). A adaptação do vírus (Barrat, 1992) e o teste de imunodiagnóstico rápido também foram desenvolvidos para o diagnóstico rápido da raiva (Kang *et al.*, 2007). Os testes de diagnóstico modernos mais comuns são descritos a seguir.

2.11.2.1. Teste de anticorpos fluorescentes

O teste mais utilizado para o diagnóstico da raiva é o teste FAT, que é recomendado pela OMS e pelo OIE. Este teste "padrão-ouro" pode ser utilizado diretamente num esfregaço e também pode ser utilizado para confirmar a presença de antigénio da raiva em culturas celulares ou no tecido cerebral de ratos que tenham sido inoculados para diagnóstico (Dacheux *et al.*, 2010). O teste FAT dá resultados fiáveis em amostras frescas, em poucas horas, em mais de 95-99% dos casos. A FAT é sensível, específica e económica. A sensibilidade do teste FAT depende da qualidade das amostras, dos reagentes e da técnica (Barrat & Aubert, 1995), do tipo de Lyssavirus e da competência do pessoal de diagnóstico. No entanto, o teste FAT é universalmente aceite (Warner *et al.*, 1997). Para o diagnóstico direto da raiva, os esfregaços preparados a partir de uma amostra composta de tecido cerebral, que inclui o tronco cerebral, são fixados em acetona fria de alta qualidade a 100% durante pelo menos 20 minutos, secos ao ar e depois corados com uma gota de conjugado específico durante 30 minutos a 37°C. Os conjugados fluorescentes anti-rábicos disponíveis no mercado são anticorpos policlonais ou monoclonais (MAbs), específicos para todo o vírus ou para a proteína do nucleocapsídeo da raiva, conjugados com um fluoróforo, como o isotiocianato de fluoresceína (FITC). As lâminas de FAT devem então ser examinadas para deteção de fluorescência específica utilizando um microscópio fluorescente e um filtro adequado ao comprimento de onda do conjugado fluorescente utilizado; por exemplo, o FITC, o mais comummente utilizado, é excitado a 490 nm e reemitido a 510 nm. Os agregados da proteína do nucleocapsídeo são identificados pela fluorescência específica do conjugado ligado. Recomenda-se que cada lâmina FAT seja lida por dois operadores independentes com formação adequada. Os conjugados de anticorpos fluorescentes podem ser fabricados localmente, mas devem ser totalmente validados em termos de especificidade e sensibilidade antes da sua utilização, incluindo a sua capacidade para detetar outros lissavírus para além do da raiva. O FAT pode ser aplicado a amostras conservadas em glicerol após uma fase de lavagem. Se a amostra tiver sido conservada numa solução de formalina, o teste FAT só pode ser utilizado depois de a amostra ter sido tratada com uma enzima proteolítica (Warner *et al.*, 1997). No entanto, a FAT em amostras fixadas em formalina e digeridas é sempre menos fiável e mais complicada do que quando realizada em tecido fresco (Barrat, 1993). Nos casos de resultados inconclusivos da FAT, ou em todos os casos de exposição humana, recomenda-se a realização de novos testes na mesma amostra ou a repetição da FAT noutras amostras. Isto é particularmente importante quando se confirma ou suspeita de autólise da amostra (Organização Mundial da Saúde Animal, 2011).

2.11.2.2. Testes imunoquímicos

O anticorpo pode ser conjugado a uma enzima, como a peroxidase, em vez de isotiocinato de fluorescina (FITCH). Os métodos de imunoperoxidase podem ser utilizados como alternativa à FAT com a mesma sensibilidade (Lembo *et al.*, 2006), mas deve prestar-se atenção ao risco de resultados falsos positivos inespecíficos. Este risco é consideravelmente reduzido pela formação exaustiva dos técnicos. Deve também salientar-se que esta técnica necessita de mais um passo de incubação do que a FAT. O conjugado de peroxidase pode também ser utilizado em tecido cerebral fresco ou em secções de tecido fixado em formalina para testes imuno-histoquímicos (Dacheux *et al.*, 2010).

2.11.2.3. Ensaio de imunoabsorção enzimática (ELISA)

Um teste ELISA que detecta o antigénio da raiva é uma variação do teste imunoquímico. Este teste rápido de imunodiagnóstico enzimático da raiva (RREID) também está disponível comercialmente (Perrin *et al.,* 1986). Uma placa de plástico revestida com anticorpo específico para a nucleoproteína da raiva é incubada com sobrenadante clarificado do tecido homogeneizado testado. Qualquer antigénio ligado é revelado por um ensaio de imunoabsorção. Este teste pode ser lido a olho nu e pode ser automatizado, o que é útil para inquéritos epidemiológicos em grande escala (Xu *et al.,* 2007). A correlação entre a FAT e o RREID varia entre 96% e 99% (Barrat, 1993; Bourhy *et al.,* 1989). A especificidade e a sensibilidade destes testes para as variantes de vírus predominantes a nível local devem ser verificadas antes da sua utilização. Em caso de contacto humano, estes testes devem ser utilizados em combinação com testes de confirmação como a FAT ou o isolamento do vírus.

Do mesmo modo, foi recentemente desenvolvido um teste de imunodiagnóstico rápido (RIDT) (Kang *et al.,* 2007). Este teste simples pode ser utilizado em condições de campo e em países em desenvolvimento com recursos de diagnóstico limitados. De um modo geral, os testes que não o teste padrão de ouro FAT só devem ser utilizados após validação em vários laboratórios.

2.11.2.4. Teste corporal Negri

Os corpos de Negri correspondem à agregação de proteínas virais, mas as técnicas clássicas de coloração detectam apenas a afinidade destas estruturas por corantes acidofílicos. Os testes imunohistoquímicos são o único teste histológico específico da raiva. Um esfregaço direto de tecido não fixado pode ser corado pelo método do vendedor e o diagnóstico é então obtido em menos de 1 hora. Geralmente, os testes histológicos, como o teste de Mann, são efectuados em material fixado após uma fase de inclusão em parafina, e o resultado do teste é obtido no prazo mínimo de 3 dias. Qualquer que seja o método de coloração utilizado, a prova de infeção é fornecida por corpos acidófilos intracitoplasmáticos. Estes métodos histológicos tendem a ser abandonados, especialmente os métodos do vendedor, porque são sensíveis à "frescura" da amostra. Se a amostra estiver bem conservada, o teste de Manns pode detetar 98% dos casos positivos após até 20 dias em formalina, mas se a amostra estiver putrefacta, a histologia pode produzir 15% ou mais de resultados falso-negativos. Estas técnicas têm a vantagem de o equipamento de laboratório necessário para as realizar ser pouco dispendioso e de se evitar qualquer necessidade de manter a amostra fria após a fixação, o que é importante em condições tropicais (World Organization for Animal Health, 1996).

2.11.2.5. Deteção da replicação do vírus da raiva após inoculação

Estes testes detectam a infecciosidade de uma suspensão de tecidos em culturas celulares ou em animais de laboratório. Devem ser utilizados se o teste FAT der um resultado incerto ou se o teste FAT for negativo em caso de exposição humana conhecida. Sempre que possível, o isolamento do vírus em culturas celulares deve ser considerado de preferência ao teste de inoculação no ratinho (MIT). Os testes de cultura de células são tão sensíveis como o MIT (Rudd & Trimarchi, 1989), menos dispendiosos, dão resultados mais rápidos e evitam a utilização de animais; no entanto, estes testes não são recomendados para o diagnóstico de rotina (OMS, 2005).

2.11.2.6. Teste de cultura celular

As células de neuroblastoma, por exemplo, N2a, CCL-131 na American Type Culture Collection (ATCC) 1, são altamente susceptíveis à infeção por lisossavírus. As células são cultivadas em meio de Eagle modificado de Dulbecco (DMEM) com 5% de soro fetal de vitelo (FCS), incubadas a 36^0 C com 5% de CO2. As células de rim de hamster bebé (BHK-21) também são sensíveis à maioria dos isolados de rua sem qualquer passo de adaptação, mas deve ser verificada a suscetibilidade às variantes de vírus predominantes localmente antes da utilização. Os testes de cultura de células podem ser efectuados em placas de plástico com vários poços, em lâminas de vidro com várias câmaras ou em lamelas de vidro. A utilização de uma passagem de 4 dias em quatro poços de uma placa de microtítulo de 96 poços demonstrou ter uma sensibilidade comparável à do MIT para estirpes de raiva (Rudd & Trimarchi, 1989). No entanto, poderiam ser consideradas passagens adicionais para aumentar a sensibilidade. A citotoxicidade é um fator frequentemente referido que limita a robustez do teste. As técnicas propostas para reduzir a citotoxicidade incluem a adição de antibióticos, a redução do tempo antes da mudança de meio (até 35 minutos) e a diluição das amostras. Os ensaios de cultura celular e as suas variações devem ser totalmente validados antes da sua utilização. Protocolo sugerido para uma placa de 96 poços: Adicionar 100 pl de homogenato de cérebro clarificado (20% em tampão fosfato salino, 0,1 M, pH 7,4) a 200 pl de uma suspensão de 2 x 105 células/ml, recentemente preparada a partir de um frasco subconfluente, em quatro poços de uma placa de 96 poços. Após 24 horas de incubação a 5% de CO2 e a 37°C, o sobrenadante de cada poço é retirado e são adicionados 200 pl de meio fresco a cada poço. Após mais 72 horas de incubação, o sobrenadante é retirado com uma pipeta e conservado. As células são fixadas com acetona a 80% e coradas com anticorpo fluorescente de acordo com as recomendações do fabricante. As variações incluem a redução do tempo de incubação antes da mudança de meio para reduzir a toxicidade celular, a utilização de agentes de permeabilidade celular (por exemplo, DEAE-dextran) e passagens adicionais. Podem ser consideradas até três passagens para aumentar a sensibilidade. Protocolo sugerido para utilização em lâminas de 8 câmaras: Adicionar 50 pl de homogenato de cérebro clarificado (20% num substrato de trituração constituído por PBS, 0,1 M, pH 7,4 com soro de vitelo recém-nascido inactivado pelo calor) a 400 pl de uma suspensão de 105 células/ml, preparada recentemente a partir de um frasco subconfluente. Após 24 horas de incubação a 5% de CO2 e a 35,5^0 C, o sobrenadante de cada câmara é retirado e são adicionados 400 pl de meio fresco a cada câmara. Após mais 24 horas de incubação (ou mais), o sobrenadante é retirado, a estrutura da câmara é removida, a camada de células é seca e fixada com acetona pura de alta qualidade e fria. A camada de células fixadas é então corada com anticorpo fluorescente de acordo com os procedimentos laboratoriais. As variações incluem o tempo de incubação, a utilização de agentes de permeabilidade celular e outras passagens. Os sobrenadantes removidos devem ser conservados para uma eventual passagem posterior (Organização Mundial da Saúde Animal, 2011).

2.11.2.7. Teste de inoculação no ratinho

Três a dez ratos com 3-4 semanas de idade (12-14 g), ou uma ninhada de ratos recém-nascidos com 2 dias de idade, são inoculados por via intracerebral. O inóculo é o sobrenadante clarificado de um homogeneizado de 10-20% (p/v) de material cerebral, incluindo tronco cerebral (por exemplo, córtex, corno de Ammon, tálamo, medula oblonga) numa solução isotónica tamponada com antibióticos. Os ratinhos devem ser anestesiados aquando da inoculação. Os ratos são observados diariamente durante 28 dias e todos os ratos mortos são examinados para deteção da raiva utilizando o FAT. Para obter resultados mais rápidos em ratos recém-nascidos, é possível examinar um rato bebé com o FAT nos dias 5, 7, 9 e 11 após a inoculação. Quaisquer mortes que ocorram durante os primeiros 4 dias são consideradas inespecíficas (devido a stress/infeção bacteriana, etc.). Logo que exista no laboratório uma unidade de cultura de células validada e fiável, deve considerar-se a possibilidade de substituir o teste de inoculação no ratinho pela cultura de células, sempre que possível, uma vez que evita a utilização de animais vivos, é menos dispendioso e dá resultados mais rápidos. No entanto, as vantagens do MIT são que, quando o teste é positivo, pode ser isolada uma grande quantidade de vírus a partir de um único cérebro de ratinho para efeitos de identificação da estirpe e que pode ser aplicado de forma fácil e prática em situações em que não estão disponíveis competências e instalações para outros testes (por exemplo, cultura de células). O MIT pode também detetar outros vírus para além do vírus da raiva (Organização Mundial da Saúde Animal, 2011).

2.11.2.8. Técnicas moleculares

Vários testes de diagnóstico molecular, por exemplo, a deteção do ARN viral por PCR de transcrição reversa (RT-PCR), PCR-ELISA, hibridação *in situ* e PCR em tempo real, são utilizados como técnicas adicionais rápidas e sensíveis para o diagnóstico da raiva (Fooks *et al.*, 2009). O princípio das PCR específicas de lisavírus é a transcrição inversa do ARN-alvo (geralmente partes do gene N) para ADN complementar, seguida da amplificação do ADNc por PCR. Embora estes testes moleculares tenham o nível mais elevado de sensibilidade, a sua utilização não é atualmente recomendada para o diagnóstico post mortem de rotina da raiva (Comité de Peritos da OMS em Raiva, 2005) devido aos elevados níveis de resultados falsos positivos ou falsos negativos sem normalização e controlo de qualidade muito rigoroso. No entanto, são úteis para o diagnóstico de confirmação, como primeiro passo na tipagem do vírus.

2.11.2.9. Outros testes de identificação

Estas técnicas incluem a utilização de MAbs, sondas de ácidos nucleicos ou a PCR, seguida de sequenciação do ADN de áreas genómicas para tipagem do vírus (Bourhy *et al.*, 1993). Estas caracterizações permitem, por exemplo, distinguir entre o vírus da vacina e uma estirpe de campo do vírus e, eventualmente, identificar a origem geográfica desta última. A participação em testes de proficiência interlaboratoriais é altamente incentivada como parte dos programas de garantia de qualidade; tais testes devem ser organizados para os laboratórios regionais pelos laboratórios nacionais de referência, enquanto estes últimos, por sua vez, devem participar em testes de proficiência internacionais organizados pelos laboratórios de referência do OIE.

2.11.2.10. Testes serológicos

A principal aplicação da serologia para a raiva clássica é determinar as respostas à vacinação, quer em animais domésticos antes de viagens internacionais, quer em populações de animais selvagens após imunização oral. De acordo com as recomendações da OMS (Comité de Peritos em Normas Biológicas da OMS, 1985), 0,5 UI por ml de anticorpos anti-rábicos é o título mínimo mensurável de anticorpos considerado como representando um nível de imunidade em humanos que se correlaciona com a capacidade de proteção contra a infeção por raiva. A mesma medida é utilizada em cães e gatos para confirmar uma resposta satisfatória à vacinação. Dado que os anticorpos neutralizantes são considerados um componente-chave da resposta imunitária adaptativa contra o vírus da raiva (Hooper *et al.*, 1998), os testes de referência são os testes de neutralização do vírus (VN). No entanto, foram desenvolvidos testes ELISA indirectos que não requerem instalações de confinamento elevado e produzem resultados rápidos. Deve ter-se cuidado ao correlacionar os resultados entre os testes de neutralização do vírus e os testes ELISA, devido às diferenças inerentes entre eles. Várias publicações demonstram uma sensibilidade e especificidade variáveis para os testes ELISA, tanto em seres humanos como em animais. Embora os testes de VN sejam recomendados quando é necessária uma avaliação específica da proteção, ambos os testes são úteis para detetar respostas à vacinação se forem utilizados pontos de corte adequados. Soros de má qualidade podem causar citotoxicidade nos testes VN, o que pode levar a resultados falso-positivos. Para essas amostras, a utilização de um teste ELISA indireto demonstrou ser tão sensível e específica como o teste de VN (Servat *et al.,* 2007).

2.12. Controlo da raiva

Desde 1885 e a primeira aplicação a Josep Meister da vacina original de Louis Pasteur, a "vacinologia" tornou-se um tópico específico da ciência, ao qual a raiva tem sido predominantemente controlada (Dacheux *et al,* 2011). O tipo de vacina de Pasteur produzida em tecidos nervosos de animais já não é recomendado pela OMS devido a potenciais efeitos adversos e a sua utilização diminuiu significativamente desde há 15 anos (Tordo, 2011). As vacinas contra a raiva preparadas a partir da estirpe original de Pasteur de 1885 e das suas estirpes derivadas (vírus Pasteur, vírus Challenge Standard, Pitman-Moore, etc.), bem como das estirpes isoladas mais recentemente (Flury, Street-Alabama-Dufferin [SAD], Vnukovo e Kelev), protegem contra todas as estirpes do genótipo 1 isoladas até à data. As vacinas convencionais contra o vírus da raiva podem não proporcionar uma proteção cruzada adequada contra outros lissavírus, especialmente do filogrupo II; não existe proteção contra o vírus Mokola (Von
Teichman *et al*., 1998) e o vírus do morcego do Cáucaso Ocidental, recentemente identificado (Hanlon *et al.,* 2005). A neutralização cruzada utilizando vacinas convencionais contra o vírus da raiva foi demonstrada contra dois vírus do filogrupo I: EBLV tipo 1 e EVLV tipo 2 (Brookes *et al.,* 2005). Os princípios que regem a preparação de vacinas anti-rábicas inactivadas são idênticos, quer se destinem a ser utilizadas em seres humanos ou em animais, embora possa ser adicionado um adjuvante às vacinas para utilização em animais. A vacina recombinante (por exemplo, a vacina recombinante de glicoproteína da raiva) também provou ser eficaz (Brochier *et al.,* 1991; Kieny *et al.,* 1994). As vacinas recombinantes contra a glicoproteína da raiva não são vacinas vivas contra a raiva. São preparadas através da inserção de ácido nucleico não infecioso da raiva num vetor como a vaccinia ou a varíola canária. Uma vez que não contêm o vírus vivo da raiva, não se deve restringir a entrada de animais vacinados com vacinas recombinantes de glicoproteína anti-rábica em países que têm restrições à entrada de animais vacinados com vacinas vivas contra a raiva. Para os animais, as vacinas vivas e recombinantes são eficazes por via oral e podem ser distribuídas em iscos para imunizar animais selvagens (ou domésticos). As diretrizes para a produção de vacinas humanas e veterinárias são descritas por (WHO 2005; World Organization for Animal Health, 2011).

Aplicam-se normas diferentes às vacinas que contêm vírus vivos modificados por passagem em ovos ou culturas celulares para reduzir a sua virulência para o animal-alvo, e às vacinas preparadas a partir de vírus inactivados. Ambos os tipos de vacina têm as suas vantagens e desvantagens (OMS, 2004), mas ambos podem ser utilizados para imunizar os animais por períodos de 1 a 3 anos. As vacinas vivas atenuadas contra a raiva não são aceites em alguns países. Não se pode confiar nelas para proteger animais previamente não vacinados que tenham sido expostos à infeção (Blancou *et al.,* 1991). Apenas nos seres humanos foi comprovada a eficácia da profilaxia pós-exposição apenas com a vacina e, mesmo nestes casos, existe uma forte recomendação adicional para a administração de imunoglobulina anti-rábica. Toda a manipulação do vírus durante o fabrico e teste das vacinas deve respeitar as precauções de segurança rigorosas especificadas pelo Comité de Peritos em Raiva da OMS, (1992).

Desde o seu desenvolvimento, há mais de quatro décadas, as vacinas anti-rábicas concentradas e purificadas em cultura de células e à base de ovos embrionados (a seguir designadas conjuntamente por VCC) demonstraram ser seguras e eficazes na prevenção da raiva. Estas vacinas destinam-se à profilaxia pré-exposição, bem como à profilaxia pós-exposição, tendo sido administradas a milhões de pessoas em todo o mundo. A raiva difere de muitas outras infecções na medida em que o desenvolvimento da doença clínica pode ser evitado através da imunização atempada, mesmo após a exposição ao agente infecioso. Na Ásia e em África, a profilaxia pós-exposição, no seu nível atual, evita aproximadamente 272.000 mortes por ano. A potência da vacina inactivada de cultura celular para humanos deve ser de 2,5 UI/dose. As vacinas contra a raiva humana são atualmente produzidas utilizando células diplóides humanas, células Vero purificadas e embriões de galinha purificados.

2.13. Vacina para humanos

2.13.1. Guia para a profilaxia pré-exposição (PrEP)

De acordo com a OMS (2004), a PrEP pode ser efectuada com qualquer uma das vacinas modernas derivadas de células e é recomendada para qualquer pessoa com risco acrescido de exposição ao vírus da raiva. Tradicionalmente, a PrEP é recomendada para qualquer pessoa que esteja em risco contínuo, frequente ou acrescido de exposição ao vírus da raiva, quer como resultado da sua residência ou ocupação (por exemplo, trabalhadores de laboratório que lidam com o vírus da raiva e outros vírus Lyssa, veterinários e tratadores de animais). Os viajantes com grande exposição ao ar livre e as crianças que vivem em zonas rurais de alto risco estão particularmente expostos a esse risco.

O esquema de PrEP requer doses intramusculares de 1 ml ou 0,5 ml, consoante o tipo de vacina, ou a administração intradérmica de um volume de 0,1 ml por local (um local por dia) nos dias 0, 7 e 28. Para que haja uma poupança significativa, as sessões de PrEP intradérmica devem envolver um número suficiente de indivíduos para utilizar todos os frascos abertos num período de 6-8 horas.

As doses de reforço da vacina anti-rábica não são necessárias para os indivíduos que vivem ou viajam para zonas de alto risco e que receberam uma série primária completa de profilaxia pré e pós-exposição com um CCV. As injecções de reforço periódicas são recomendadas como precaução adicional apenas para pessoas cuja ocupação as coloque em risco frequente e contínuo de exposição. Se disponível, a monitorização de anticorpos do pessoal em risco é preferível à administração de reforços de rotina. Para as pessoas que estão potencialmente em risco de exposição laboratorial a concentrações elevadas de vírus vivo, os testes de anticorpos devem ser efectuados de 6 em 6 meses. As profissões que não estão em risco contínuo de exposição através das suas actividades, como os veterinários e os responsáveis pela saúde animal, devem fazer uma monitorização serológica de 2 em 2 anos. Dado que a imunidade induzida pela vacina persiste, na maioria dos casos, durante anos, um reforço só seria recomendado se os títulos de anticorpos neutralizantes do vírus da raiva caíssem para menos de 0,5 UI/ml (OMS, 2010).

2.13.2. Guia para a profilaxia pós-exposição (PEP)

A profilaxia pós-exposição consiste no tratamento local da ferida, seguido de terapia vacinal (com ou sem imunoglobulina anti-rábica) deve ser iniciada imediatamente após uma mordedura transdérmica ou arranhão por um animal suspeito de ser raivoso ou quando material possivelmente infecioso, geralmente a saliva, entra em contacto direto com a mucosa da vítima ou com feridas cutâneas recentes. A utilização imediata de CCV após a exposição, combinada com o tratamento adequado das feridas e a administração simultânea de imunoglobulina anti-rábica, é quase invariavelmente eficaz na prevenção da raiva, mesmo após uma exposição de alto risco. No entanto, os atrasos no início da profilaxia ou a não realização da profilaxia correta podem resultar em morte, sobretudo após mordeduras em regiões altamente inervadas, como a cabeça, o pescoço ou as mãos, ou após ferimentos múltiplos. Raramente foram registados verdadeiros insucessos depois de os doentes terem recebido o tratamento mais avançado. O tratamento deve ser iniciado o mais cedo possível após a exposição, mas em caso algum deve ser negado às pessoas expostas, independentemente do intervalo de tempo decorrido.

O tratamento pode ser interrompido se o animal envolvido (cão ou gato) permanecer saudável durante um período de observação de 10 dias; ou se o animal for abatido humanamente e se o exame laboratorial revelar um resultado negativo para a raiva. Qualquer animal mordedor suspeito de ser raivoso deve ser imediatamente abatido de forma humana e os tecidos examinados através de técnicas laboratoriais adequadas. Em áreas onde a raiva canina ou selvagem é epizoótica, a experiência laboratorial e de campo adequada, indicando que não há infeção nas espécies envolvidas, pode justificar que as autoridades sanitárias locais não recomendem um tratamento antirrábico específico. Obviamente, seria indicada uma modificação do procedimento recomendado numa zona indemne de raiva onde se verificam mordeduras de animais.

A indicação para PEP com ou sem imunoglobulina anti-rábica depende do tipo de contacto com o animal raivoso. Todas as injecções intramusculares devem ser administradas na região deltoide ou, em crianças pequenas, na zona anterolateral do músculo da coxa. A vacina nunca deve ser administrada na região glútea. A fim de reduzir o custo do tratamento pós-exposição, foram desenvolvidos regimes intradérmicos em vários locais, utilizando uma fração do volume intramuscular por local de inoculação intradérmica. As vacinas de cultura de tecidos ou de embriões de pato purificados com uma potência de, pelo menos, 2,5 UI por dose única de imunização intramuscular devem ser aplicadas de acordo com os seguintes calendários:

2.13.3. Administração intramuscular para PEP

No esquema de Essen, deve ser administrada uma dose da vacina nos dias 0, 3, 7, 14 e 30. No esquema múltiplo abreviado, o esquema 2-1-1, uma dose é administrada no braço direito e uma dose no braço esquerdo no dia 0, e uma dose é aplicada no músculo deltoide nos dias 7 e 21. Uma alternativa para pessoas saudáveis, totalmente imunocompetentes e expostas, que recebem tratamento de feridas, imunoglobulina anti-rábica de alta qualidade e vacinas anti-rábicas pré-qualificadas pela OMS, é um regime PEP que consiste em 4 doses administradas por via intramuscular nos dias 0, 3, 7 e 14.

2.13.4. Administração intra-dérmica para PEP

O regime de 2 locais prescreve a injeção de 0,1 ml em 2 locais (1 em cada um dos deltóides e coxa) nos dias 0, 3, 7 e 28. Este regime pode ser utilizado para pessoas com exposições de categoria 2 e 3 em países onde a via intradérmica tenha sido aprovada pelas autoridades sanitárias nacionais. Apenas as vacinas que tenham demonstrado ser seguras e eficazes devem ser utilizadas por via intradérmica (OMS, 2004).

2.13.5. PEP em pessoas já imunizadas

Para os doentes expostos à raiva que tenham previamente completado a vacinação pré-exposição ou o tratamento pós-exposição com vacinas anti-rábicas derivadas de células, são suficientes duas doses intramusculares ou intradérmicas de uma vacina derivada de células separadas por três dias. Como alternativa a este regime, pode ser proposto ao doente um regime intradérmico de 4 locais, numa única visita, que consiste em 4 injecções de 0,1 ml distribuídas igualmente nos deltóides e coxas esquerdo e direito. Nestes casos, não é necessário o tratamento com imunoglobulina anti-rábica. As mesmas regras aplicam-se a pessoas vacinadas contra a raiva que tenham demonstrado títulos de anticorpos neutralizantes de pelo menos 0,5 UI/ml (Smith *et al.*, 1973).

2.13.6. Imunoglobulina e vacina combinadas

O tratamento combinado de imunoglobulina e vacina é o melhor tratamento sistémico específico disponível para a profilaxia pós-exposição da raiva em seres humanos, embora a experiência indique que a vacina isolada é suficiente para exposições menores (categoria 2). A imunoglobulina anti-rábica para imunização passiva é administrada apenas uma vez, de preferência no momento ou o mais rapidamente possível após o início da vacinação pós-exposição. Após o sétimo dia após a vacinação anti-rábica, a imunoglobulina não é indicada, pois presume-se que tenha ocorrido uma resposta ativa de anticorpos ao VCC. A dose de imunoglobulina anti-rábica humana é de 20 UI/kg de peso corporal; para a imunoglobulina equina é de 40 UI/kg de peso corporal. Toda a imunoglobulina anti-rábica, ou a maior quantidade anatomicamente possível para evitar uma possível síndrome de compartimento, deve ser administrada no local ou à volta do local ou locais da ferida. A imunoglobulina restante, caso exista, deve ser injectada por via intramuscular num local distante do local de administração da vacina. A imunoglobulina anti-rábica pode ser diluída num volume suficiente para que todas as feridas sejam infiltradas de forma eficaz e segura. A maioria das novas preparações de imunoglobulina equina são potentes, altamente purificadas, seguras e menos dispendiosas do que a imunoglobulina humana contra a raiva. No entanto, são de origem heteróloga e comportam um pequeno risco de reação anafiláctica (1/45000 casos). Não existem fundamentos científicos para a realização de um teste cutâneo antes da administração de imunoglobulina equina, uma vez que os testes não prevêem as reacções e a imunoglobulina deve ser administrada independentemente do resultado do teste. O médico assistente deve estar preparado para gerir a anafilaxia que, embora rara, pode ocorrer durante qualquer fase da administração (OMS, 2010).

2.14. Tratamento local de feridas

A remoção do vírus da raiva no local da infeção por meios químicos ou físicos é um meio eficaz de proteção. Por conseguinte, é importante o tratamento local imediato de todas as feridas de mordedura e arranhões que possam estar contaminados com o vírus da raiva. Os procedimentos de primeiros socorros recomendados incluem a lavagem imediata e completa da ferida durante, pelo menos, 15 minutos com água e sabão, detergente, iodopovidona ou outras substâncias que eliminem o vírus da raiva. Se não se dispuser de sabão ou de um agente antivírico, a ferida deve ser lavada completa e abundantemente com água. Se não for possível evitar a sutura após a limpeza da ferida, esta deve ser primeiro infiltrada com produtos de imunização passiva contra a raiva e a sutura deve ser adiada durante várias horas. Devem ser aplicados outros tratamentos, como a administração de antibióticos e a profilaxia do tétano, tal como é adequado para outras feridas por mordedura. Outros factores que devem ser tomados em consideração ao decidir se se deve iniciar a prevenção pós-exposição incluem: a probabilidade de o animal implicado ser raivoso e as caraterísticas clínicas do animal e a sua disponibilidade para observação e testes laboratoriais. Nos países em desenvolvimento, o estado de vacinação dos animais suspeitos, por si só, não deve ser considerado para decidir se se deve ou não iniciar a profilaxia.

2.15. Tratamento do doente com raiva

A raiva é uma doença fatal. Na raiva clínica, foram avaliadas as seguintes medidas, mas sem provas de eficácia: administração de vidarabina, vacinação intradérmica multisítio com vacina de cultura de células, administração de interferão A e de imunoglobulina anti-rábica por via intravenosa e intratecal, e administração de globulina antitimócitos, doses elevadas de esteróides, inosina pranobex, ribavarina e doses elevadas de fragmentos de ligação a anticorpos da imunoglobulina G anti-rábica.

A evolução clínica da doença, em que o sintoma predominante é a excitação ou a paralisia, é de curta duração e implica muito sofrimento. Os doentes permanecem conscientes, muitas vezes conscientes da natureza da sua doença, e são geralmente extremamente agitados, particularmente quando a excitação é predominante. Esta situação é agravada pelo facto de se isolarem devido à perceção do risco de transmissão do vírus através do contacto. Os doentes com raiva confirmada devem receber sedação adequada e cuidados de conforto numa instalação médica apropriada, de preferência num quarto privado com apoio emocional e físico adequado. Foi demonstrado que a morfina intravenosa repetida é eficaz no alívio da agitação grave, da ansiedade e dos espasmos fóbicos que afectam os doentes furiosos com raiva. Uma vez confirmado o diagnóstico da raiva (Hemachudha & Wacharapluesadee, 2004), devem ser evitados procedimentos invasivos. O doente deve ser tratado numa área privada, tranquila e livre de desvios. Tendo em conta o carácter irremediável da raiva no homem, o tratamento deve centrar-se nos cuidados de conforto, recorrendo a sedativos fortes (barbitúricos, morfina) e evitando a entubação e as medidas de suporte de vida, uma vez confirmado o diagnóstico. À medida que novas modalidades de tratamento se tornam evidentes, os centros especializados podem querer instituir terapias experimentais com o consentimento informado do doente e da família. Isto deve ser feito sem custos para o património da vítima. As partes autorizadas a dar permissão para tal tratamento também devem ser informadas de que a sobrevivência provavelmente resultará em défices neurológicos graves (WHO Expert Consultation on Rabies, 2004).

2.16. Vacina para animais

Existem dois tipos de vacinas (injectáveis e orais) para animais, de acordo com a via de administração. A vacina de vírus vivo modificado, a vacina inactivada por cultura celular, a vacina de tecido nervoso e as vacinas combinadas são agrupadas em vacina injetável, enquanto a vacina de vírus vivo modificado e as vacinas recombinantes vivas são agrupadas em vacina oral. As vacinas de vírus vivos modificados não são recomendadas para utilização na imunização parentérica. A infeção por raiva pode ocorrer como resultado da estirpe da vacina viva. Em cultura de células activadas, as vacinas com uma potência de 1 UI/dose são seguras e adequadas para os animais. No cão e no gato, a primeira vacina contra a raiva é administrada aos 3 meses de idade e repetida anualmente como profilaxia (Centre for Disease Control and Prevention, 2011). São administradas duas doses de vacina aos 0 e 3 dias como dose de reforço em caso de reexposição. A potência da vacina anti-rábica para uso animal deve ser de, no mínimo, 1 UI/dose de vacina. Atualmente, as vacinas de tecido nervoso foram substituídas por vacinas de cultura celular. As vacinas anti-rábicas combinadas já são utilizadas para a imunização de cães e gatos. Também foram desenvolvidas vacinas orais para cães (OMS, 1989). Foram incorporados vários antigénios diferentes na vacina contra a raiva canina, como o vírus da esgana canina, o adenovírus canino tipo 1, *a Leptospira* e o parvovírus canino. A vacina combinada atualmente disponível para gatos inclui vários antigénios, como o vírus da panlequopénia felina, o calicivírus felino e o parvovírus felino. Está disponível uma vacina combinada contra a raiva e a febre aftosa (FA) para utilização em bovinos, ovinos e caprinos. A utilização da vacina com hiperimunoglobulina foi considerada eficaz no tratamento pós-exposição em ovinos (Blancou *et al.,* 1991; Farmacopeia Europeia, 1985). Foram desenvolvidas vacinas de vírus vivos modificados com vários níveis de atenuação para a imunização oral da vida selvagem. As vacinas SDA B 19 e SDA P5/88 são produzidas por várias passagens de cultura celular da estirpe SDA Berne. Estas vacinas orais atenuadas têm sido utilizadas na Europa de Leste. Foi desenvolvido um vírus vaccinia recombinante que exprime o gene da glicoproteína do vírus da raiva através da inserção do cDNA da glicoproteína da estirpe ERA no gene da timidina quinase do vírus da vacina (estirpe de Copenhaga). Quando administrada por via oral, uma dose de 10x8 TCID de VRG provoca um título de anticorpos neutralizantes do vírus e confere uma resposta imunitária protetora contra o desafio do vírus da raiva em várias espécies de mamíferos carnívoros e omnívoros (raposa vermelha, raposa árctica, coiote, guaxinim, cão-guaxinim, cão doméstico e chacal dourado). No terreno, a estirpe da vacina VRG é estável acima de 56^0 C e o ponto de fusão do invólucro do isco é superior a 60 0C. O vírus recombinante que expressa o VRG não apresenta patogenecidade residual causada pelo vírus da raiva (OMS, 2004). A eficácia da vacinação anti-rábica em carnívoros domésticos e selvagens é monitorizada por ELISA (Servat *et al.,* 2007). A vacina é uma ferramenta eficaz para controlar e erradicar a raiva canina (Clifton, 2011).

Capítulo 3

Materiais e métodos

3.1. Estudo epidemiológico

O inquérito epidemiológico sobre a raiva foi realizado de 2010 a 2012 no Nepal, adoptando uma série de actividades como o preenchimento de questionários, a observação de sintomas clínicos e a recolha de amostras para testes laboratoriais. Os questionários foram preparados e traduzidos para nepalês e enviados a 75 Gabinetes Distritais de Serviços Pecuários (DLSO). O pessoal técnico dos DLSO foi instruído no sentido de preencher integralmente o questionário, entrevistando os proprietários de animais suspeitos de raiva, observando os sintomas clínicos e recolhendo amostras. O inquérito incluía perguntas como a espécie do animal, a data de aparecimento da doença, a localização, o número de animais afectados, o animal que mordeu (vetor). Os sintomas clínicos, como a salivação, a tendência para atacar, a paralisia e a morte, tinham de ser observados pelo pessoal técnico dos DLSO. Foi também solicitado aos DLSO que fornecessem informações para facilitar o inquérito e a recolha de amostras. Foram recolhidas informações sobre o hospedeiro, a localização geográfica, a estação do ano e os vectores transmissores da doença. A análise estatística dos dados epidemiológicos foi efectuada utilizando o programa "NEPCEU" do Microsoft ware access. Paralelamente, os animais clinicamente suspeitos de raiva e os animais mortos foram recolhidos, tanto quanto possível, e transferidos para o Central Veterinary Laboratory (CVL) Kathmandu, mantidos numa caixa frigorífica para análise laboratorial. Paralelamente, foram colhidas 183 amostras clínicas (Quadro 5) de animais mortos infectados com raiva, que foram testadas no CVL durante este período através da realização de um teste rápido de antigénio ou de um teste de antigénio da raiva de um passo (Anigen Rapid Rabies Ag Test Kit, BioNote, Coreia), de acordo com o protocolo descrito pelos fabricantes, teste de inoculação em ratinhos (MIT) e teste de anticorpos fluorescentes (Organização Mundial de Saúde Animal, 2011). As amostras positivas foram armazenadas a -80^0 C para caraterização molecular e teste de virulência.

3.2. Deteção e caraterização do vírus da raiva

No total, 33 amostras de vírus da raiva (28 amostras de cérebro positivas e 4 negativas e uma estirpe vacinal em células Vero) foram mantidas em gelo seco ou impressas em cartão FTA e transferidas para o Australian Animal Health Laboratory, na Austrália, e para o Institute of Pasture Paris, em França, de acordo com a instrução de embalagem 650 da IATA, para isolamento do vírus, caraterização molecular e análise filogénica. Os pormenores relativos às amostras constam do quadro 1. Das 33 amostras enviadas, 22 foram colhidas entre 2010 e 2012 e 11 amostras foram colhidas entre 2003 e 2009, no Nepal. As últimas 11 amostras (colhidas entre 2003 e 2009 em diferentes partes do país) foram fornecidas pelo RVPL para este estudo como amostras de controlo positivo e amostras de referência. Foi obtida autorização dos encarregados de educação (pais) da pessoa incluída na amostra para efetuar trabalhos de investigação em laboratório sobre o cérebro humano. As amostras positivas incluíam cães domésticos (n=14), animais de criação com cabras (n=4), bovinos (n=3) e búfalos (n=1), e 1 humano e um mangusto (quadro 8).

3.2.1. Procedimento para o teste do antigénio da raiva numa etapa

A amostra foi recolhida inserindo a zaragatoa em homogenatos cerebrais. A zaragatoa com a amostra de cérebro foi inserida no tubo de amostragem com 1 ml de diluentes. O dispositivo de teste foi retirado da bolsa de alumínio e colocado numa superfície plana e seca. A amostra foi bem misturada utilizando o conta-gotas descartável fornecido com o kit. Foram adicionadas quatro gotas de amostra no orifício da amostra utilizando um conta-gotas descartável. O teste foi lido entre 5-10 minutos. O resultado é lido através da observação de uma banda de cor púrpura entre T e C, que representam a amostra de teste e o controlo.

3.2.2. Procedimento para o teste de anticorpos fluorescentes

Foi preparado um esfregaço cerebral de impressão (tato). O esfregaço foi seco ao ar. O esfregaço foi fixado em acetona a -20^0 C durante 30 minutos. O esfregaço foi novamente seco, vertendo acetona da lâmina de vidro. As lâminas positivas e negativas foram retiradas da temperatura de -20 °C e secas. O conjugado (Fujirebin Antirabies Monoclonal FITC Conjugate 1:5 diluição) foi descongelado e diluído 1: 5 como solução de trabalho. A lâmina foi colocada sobre o tabuleiro de lâminas e foram adicionadas 6 gotas de conjugado sobre um esfregaço. As lâminas adicionadas com o conjugado foram incubadas a 35^0 C em CO2 humidificado a 5% durante 30 minutos. As lâminas foram retiradas da incubadora e o conjugado foi vertido. Os esfregaços foram lavados com PBS, secos e guardados numa caixa húmida. Adicionou-se uma gota de meio de montagem sobre uma lamela. A lâmina seca foi mantida sobre a lamela e pressionada suavemente para fixar. As lâminas foram observadas ao microscópio fluorescente. O aparecimento de uma fluorescência verde-maçã foi considerado positivo, ao passo que uma fluorescência vermelha ténue foi considerada negativa (OMS, 1996).

3.2.3. Procedimento para inoculação no rato para LD50

Um grama de cérebro de cão positivo para o vírus da raiva, colhido em Katmandu em 2011 e identificado como clado AL 3, foi pesado na cabina de segurança biológica de classe 2 e misturado com 9 ml de 2% de soro de cavalo em água destilada para obter uma suspensão cerebral a 10%. A suspensão cerebral foi centrifugada à velocidade de 1 500 rpm durante 5 minutos. Foi preparada uma diluição em série da suspensão do cérebro (1:10, 1:100, 1:1000 e 1:10.000) em 2% de soro de cavalo em água destilada. Uma dose de 0,03 ml de cada diluição foi injectada intra-cerebralmente (IC) em 5 ratinhos. Cinco ratinhos foram mantidos como grupo de controlo sem injeção IC. Os ratinhos foram observados diariamente durante 28 dias. Os graus de paralisia ou doença foram registados diariamente de acordo com o Quadro 7. O cérebro dos ratinhos mortos foi recolhido e testado por RADT ou FAT. Os ratos mortos com teste positivo foram considerados positivos. A DL50 foi calculada pelo método de Behrens-Karber (OMS, 1996).

3.2.4. Procedimento de isolamento do vírus em cultura celular

Foi preparado um frasco saudável de células Neuro 2a'. As células foram tripsinizadas e foram adicionados 12 ml de suspensão celular em HMEM com 1% de soro fetal de vitelo. Foram adicionados dois ml de suspensão celular a cada um de dois frascos de plástico de 7 ml. Foram adicionados 200 ul de suspensão cerebral a um tubo e o outro tubo foi mantido como controlo celular. Ambas as garrafas foram colocadas a 35 0C durante uma hora. Oito ml de HMEM com 10% de

O FCS foi guardado em dois frascos de 25 cm2 e rotulado como controlo e amostra. A suspensão celular de ambos os tubos de plástico foi transferida para dois frascos rotulados após uma hora. As células foram verificadas após 24 horas para detetar indícios de contaminação bacteriana. As culturas celulares foram incubadas durante 4-7 dias a 34^0 C. O efeito citopático foi verificado após 4 dias. As células da Neuro 2a' foram destacadas e formaram um aglomerado de células viáveis em suspensão. Oito ml de meio de cultura e de células foram transferidos para um tubo centrifugado rotulado, deixando 2 ml no frasco e centrifugado a 2000 rpm durante 5 minutos em vasos de centrifugação selados.

Os recipientes de centrifugação foram abertos e os tubos foram retirados. O meio sobrenadante foi decantado da célula de controlo para o frasco original. Do mesmo modo, o meio foi decantado do frasco inoculado. Foram adicionados 200 ul de PBSA a cada tubo. Separadamente, o pellet de células foi ressuspenso com uma pipeta de vidro e transferido cerca de 50 ul para uma lâmina de vidro limpa e identificada. Utilizaram-se pontas amarelas invertidas para espalhar a suspensão de células na metade inferior da lâmina e deixou-se secar ao ar na estufa. As células secas ao ar foram fixadas e coradas de acordo com o procedimento descrito para o teste de anticorpos fluorescentes. Por fim, as lâminas foram montadas com lamelas e coradas ao microscópio fluorescente (Organização Mundial da Saúde Animal, 2011)

3.2.3. RT-PCR e RT-PCR em tempo real

3.2.3.1. Extração do ARN com TRIZOL

Em primeiro lugar, a área de trabalho foi desinfectada com uma solução de hipoclorito de sódio a 2%. As amostras foram retiradas do frigorífico. Foram colhidos cerca de 5 g de tecido cerebral e misturados com 1 ml de PBS. A suspensão foi preparada utilizando um homogeneizador de vidro ou uma seringa. A suspensão foi transferida para um tubo eppendorf mantido no gelo. A suspensão foi centrifugada para misturar. Misturou-se 1 ml de TRIZOL com 200 μl de amostras num tubo e misturou-se por agitação. A suspensão foi transferida para um tubo de 2 ml com tampa de rosca e incubada à temperatura ambiente durante 5 minutos. Adicionou-se 0,2 ml de clorofórmio por cada 1 ml de reagente TRIZOL utilizado. Os tubos foram fechados e agitados vigorosamente durante 20 segundos e incubados à temperatura ambiente (RT) durante 2-3 minutos. A amostra foi centrifugada a 12000 rpm durante 10 minutos à temperatura ambiente. O líquido transparente superior (600 ul) foi transferido por aspiração para uma nova tampa de rosca contendo 0,6 ml de isopropanol por 1 ml de reagente TRIZOL utilizado. A amostra foi incubada a 4^0 C durante 10 minutos e centrifugada a 10000 rpm durante 10 minutos à temperatura ambiente. O sobrenadante foi removido cuidadosamente por aspiração e deitado fora. Os pellets no fundo do tubo não foram perturbados. Foi adicionado 1 ml de etanol a 75% e centrifugado a 10000 rpm durante 10 minutos à temperatura ambiente. O sobrenadante foi removido invertendo suavemente o tubo e deixando o sedimento que permaneceu no fundo do tubo secar ao ar sobre papel absorvente durante 5-10 minutos. O líquido que ficou no tubo foi removido por pipetagem suave. O sedimento de ARN foi ressuspendido em 40 ul de água sem RNAse. A quantidade de ARN contido na amostra foi verificada adicionando 1 μl de ARN ao espetrofotómetro Nano Drop1000 da Thermo Scientific e o conteúdo de ARN foi lido no computador com o programa de software "Nano drop 1000 data viewer". O conteúdo de ARN foi expresso em $ng/\mu l$ de ARN. O conteúdo de ARN variou entre 7,2 e 79,3 $ng/\mu l$.

Em alternativa, o ARN foi extraído utilizando o Viral Isolation Kit (Applied Biosystems) ou o Tri-Reagent (Euromedex), de acordo com as instruções do fabricante. A extração do ARN foi efectuada a partir das amostras originais de cérebro, da suspensão de células após o isolamento do vírus ou de cartões FTA. Para estes últimos, a recuperação do ARN foi obtida a partir de material de cartões perfurados, de acordo com as instruções do fabricante ou após incubação durante 30 minutos em 100 µl Ambion® RNA Rapid Extraction Solution (Applied Biosystems). O ARN foi armazenado a 4 °C até à sua utilização ou à RT PCR.

3.2.3.2. Amplificação do ARN viral por PCR

A amplificação do ARN viral foi efectuada utilizando dois métodos: i) síntese de ADNc seguida de PCR em duas fases e ii) RT-PCR numa única fase. Em pormenor, foram aplicadas 4 etapas: 1-Transcrição reversa (RT), 2-PCR da primeira ronda, 3-PCR da segunda ronda e 4-PCR de uma etapa

3.2.3.3. Transcrição reversa (RT)

A mistura principal de RT foi preparada adicionando 4 µl de 2,5 mM dNTPs, 1,5 µl de 50 pmol/µl Random Primer, 0,5 µl de 50 pmol/µl Oligo (dt), 4 µl de 10 X M-Mul V buffer, 1 µl de M.Mul V reverse transcriptase e 1 µl de R Nasin RNA inhibitor. A mistura principal de RT foi preparada para 13 reacções. Havia 10 amostras, uma positiva, uma negativa e um tubo extra para a reação de PCR. Por fim, foram adicionados 8 µl de ARN por reação de mistura principal no tubo de PCR e mantidos a 42^0 C durante 90 minutos e depois a 95 0C durante 5 minutos em banho-maria (Sanghai Viheng technical co ltd) para produzir CDNA.

3.2.3.4. Primeira ronda PCR

A mistura principal foi preparada para a primeira ronda de PCR adicionando 2,5 µl de tampão 10 x Tag, 0.5 µl de N 127 20pmol/µl, 0,5 µl de N829 pmol/µl, 0,5 µl de dNTP 2,5 mM, 0.15 µl de ExTaq 5U/µl (Invitrogen, EUA) e 19.85 µl de Dd H20. Em

Foi preparado um total de 13 reacções de master max. Foram utilizadas 12 amostras da etapa anterior, uma para o controlo positivo e outra para o controlo negativo. Foi utilizado um tubo de reação da mistura principal para extra. 1 µl O ADN foi adicionado a 24µl da mistura principal e centrifugado durante ^ minutos para sedimentar a mistura principal.

mistura e ADN para o tubo. O parâmetro de ciclagem da PCR foi fixado em 94 0C durante 2 minutos, [94 0C 30 segundos para a desnaturação, 56 0C 30 segundos para o recozimento, 72 0C 40 segundos para a extensão] 35 ciclos e, finalmente, 75 0C durante 10 minutos. Os produtos da PCR foram conservados a 4 0C numa máquina de PCR (ciclo térmico 2720 da Applied Biosystem com o programa de PCR "PCR EXP 002" definido pelo CVRI, China). Os produtos foram colocados num gel de eletroforese. A segunda ronda de PCR não foi efectuada em amostras que foram positivas na primeira ronda de PCR. Primer utilizado para a primeira ronda de RT PCR:

N 829 (Longe)
5'-GCCCTGGTTCGAACATTCT-3'
N127 (Rev)
5'-ATGTAACNCCTCTACAATGG-3'

3.2.3.5. Segunda ronda de PCR Preparação da mistura principal

A mistura principal foi preparada para 15 reacções, adicionando 2,5 µl de tampão Tag 10 x, 0.5 µl de RVF 371F(20 pmol/µl), 0,5 gl de RVN 371R (20 pmol/µl), 0,5 µl de dNTP 2,5 mM, 0,15 µl de ExTaq 5U/µl (Invitrogen, EUA) e 19,85 µl de Dd H20 por reação. 1 µl O ADN foi adicionado a 24 µl da mistura principal no tubo de PCR e centrifugado durante meio minuto. O parâmetro de ciclo da PCR foi fixado em 94^0 C 2 minutos, [94 0C 30 s 72 0C 40 s] 35 ciclos, 42 0C 10 min, mantido a 4 0C na máquina. Primário para a segunda ronda de RT-PCR:

RVN 371 R
5'-CCTGYYWGAGCCCAGTTVCCYTC-3'
RVN 371F
5'-ACAATGGAKKCTGACAARATTG-3'
da TaKaRa

3.2.3.6. Preparação do gel

O gel a 1% em 1xTAE foi preparado por aquecimento à temperatura de ebulição no microestufa. O gel líquido foi mantido no tanque utilizando um pente. O gel foi mantido a arrefecer até 1 hora. 5μl de vermelho de gel (BIOTIUM) foi misturado. Após a conclusão da segunda ronda de PCR, misturou-se 1μl de tampão de carga (TaKaRa, Japão) em 5 μl de produto de PCR, numa placa ELISA de 96 poços. Ambos os produtos de PCR da 1st e da 2nd ronda foram mantidos em eletroforese, transferindo 6 μl do produto de PCR (ADN + tampão de carga) para cada poço de gel imerso na máquina de eletroforese (wealtec, ELITE 300. Utilizar um poço para o marcador de ADN, 2000 ladder (Tiangen, Alemanha). A amostra no gel foi colocada na direção do pólo negativo (preto), de modo a migrar para o pólo positivo (vermelho) após a amplificação. A eletroforese foi efectuada a 220V durante 25 minutos. Após a eletroforese, o gel foi mantido à luz UV (leitor de fogo transiluminador, Reino Unido) que foi ligado ao programa informático leitor de fogo. A primeira ronda de PCR mostrou uma banda de 845 pb e a segunda ronda mostrou uma banda de 371 pb.

3.2.3.7. PCR em tempo real numa fase

A mistura principal foi preparada para a PCR em tempo real de uma etapa, adicionando 5 μl de 10 TaKaRa Ex Buffer, 12 μl de MgCl3, 0.5 μl dNTP, 1 μl de FOR Primer, 1 μl de
REV Primer, 1 μl de LYGT Probe, 1 μl de TRITON-100, 0.25 μl de Rasin, 0,6
μl de MMLv, 0.5 μl de ExTaq e 16.15 μl de DEPC-H2O por reação. No

A amostra de ARN final de 10 μl foi misturada com 40 μl Master mix. O parâmetro PCR foi fixado em 42^0 C, 30 minutos 92^0 C, 2 minutos, [92^0 C 30 s, 55^0 C 30 s, 72^0 C 20 s], 40 ciclos. A máquina de PCR foi ligada a um programa informático (Agilent technologies, stratagene Mx3000P). O resultado positivo tinha um valor Ct superior a 32, enquanto as amostras negativas não tinham valor Ct ou tinham um valor inferior a 32, conforme normalizado no CVRI, China, diluindo a estirpe CVS 11 em diferentes concentrações e o valor de corte positivo foi determinado acima de 32 a 10^1 TCID50.

Primers de PCR em tempo real
RABVFQ para: 5' ATGTAACACCYCTACAATG 3'
RABVFQ Rev: 5' GCAGGGTAYTTRTACTCATA 3'
Sonda RABVFQ:FAM-ACAAGATTGTATTCAAAGTCAATAATCAG-
TAMRA

3.2.3.8. RT-PCR para o gene N

Em primeiro lugar, a mistura principal para a transcrição reversa do gene N foi preparada adicionando 11.5 μl de ARN, 2 μl de dNTP, 2.5 μl de FOR PRIMER, 1 μl de
Tampão 10xMMLv e 1 μl de Rsin por reação para a transcrição reversa para transformar o ARN em ADNc. A reação foi deixada completar a 42 0C, 120 min 95 0C5 min em banho de água quente. A mistura principal para a reação de PCR foi preparada por 1 μl de FOR Primer (20 pmol/μL), 1 μl de REV Primer (20 pmol/μL), 2 μl de 10x
Tampão TaKaRa Ex, 2 μl de dNTP, 12.5 μl de ddH2O, 1μl de cDNA e 0.5 μl de TaKaRa Ex Tag. Em seguida, 2 μl CDNA foi misturado com 38μl de Master mix. O parâmetro de PCR foi fixado em 94^0 C, 2 min, [94^0 C 30 s, 48^0 C 45 s, 72^0 C 90 s], 30 ciclos, 72 0C, 10 min, mantidos a 4 0Q O comprimento total do gene N amplificado foi observado em 1353 pares de bases e os iniciadores foram SNF (iniciador direto 71-89) e SNR (iniciador inverso 1402-1423).

Primer para RT-PCR do gene N
NF: 5' CCGGATCCAAGAAAAAACAG 3'
NR: 5' ATCGATCGAAAGGAGGGGTG 3'

3.2.3.9. RT PCR para o gene G

A mistura principal para a transcrição reversa do gene G foi preparada adicionando 10 of μl DEPC-H2O, 4 μl de dNTP, 2 μl de iniciador FOR, 2 μl de10x MMLxBuffer, 1μl
de MMLv e 1iil de Rasin. A reação foi mantida a 42 0C durante 90 minutos e a 95 0C durante 5 minutos. A mistura principal para a reação de PCR foi preparada adicionando 1 μl de FOR Primer

(20 pmol/μL), 1 μl de REV Primer(20 pmol/μL), 5 μl de 10 x Tampão TaKaRa Ex, 4 μl de dNTP, 36.4 μl de ddH2O, 2μl de cDNA e 0.5 μl de TaKaRa Ex Tag. Em seguida, 2 μl CDNA foi misturado com 48μl de Master mix. PCR O parâmetro foi fixado em 94 0C, 2 min, [94 0C30 s, 56,7 0C30 s, 72 0C40 s], 40 ciclos, 72 0C, 10 min, mantidos a 4 0C. Após a amplificação dos genes N e G, o gel foi submetido a eletroforese como anteriormente. A amplificação do gene G de comprimento total foi observada a 1778 pb e os iniciadores foram GF1 3221-3243 e GR1 4979-4991. Primário para TR-PCR do gene G

GF: 5' CGCTGCATTTYATCAAAGTCAAG 3'

GR: 5' TGMAYGGAGTTCAAGGAGGAC 3'

3.2.3.10. Purificação dos genes N e G

A purificação dos genes N e G após RT PCR foi efectuada utilizando o kit de extração de ADN em gel AxyPrep da Axygen Bioscience, de acordo com o protocolo prescrito.

3.2.4.1. RT-PCR e sequenciação

Após amplificação e purificação por RT-PCR, a sequenciação do ADN dos genes N e G foi efectuada conforme descrito anteriormente (Bourhy *et al.*, 2008; Delmas *et al.*, 2008; Bourhy *et al.*, 1993; Meng *et al.*, 2007; Zhang *et al.*, 2006). Foi utilizada uma máquina de sequenciação (Bio system 3130XL) e a química Big Dye Triminator v3.1. A análise dos dados de sequência e a montagem dos contigs foram efectuadas utilizando o módulo SeqManTM 159 do conjunto de software LasergeneR v8.0 (DNASTAR) ou o software Sequencher 5.0 (Gene Codes Corporation). Os números de acesso do GenBank para as sequências completas dos genes N e G recentemente adquiridas neste estudo são designados JX944565-JX944602 e JX987718- JX987749.

3.2.4.2. Análise filogenética

As sequências completas de codificação dos genes N e G determinadas neste estudo foram analisadas com os respectivos conjuntos de dados de sequências completas que incluem sequências do gene N da raiva (n=173, 1350 nt) e sequências do gene G (n=92, 1575 nt) disponíveis no GenBank. Os alinhamentos de sequências múltiplas e a análise dos resíduos de aminoácidos foram efectuados utilizando o Clone Manager v.9 (software Science & Educational) ou o ClustalX 2.1 (Larkin *et al.*, 2007). As filogenias de máxima verosimilhança (ML) foram inferidas para cada conjunto de dados utilizando os programas GARLI v2.0 (Zwickl, 2006) e PAUP* v4.0 (Swofford, 2003). O modelo geral reversível no tempo com proporção de locais invariáveis mais heterogeneidade de taxa distribuída gama, conforme gerado pelo critério de informação de Akaike utilizando o programa MODELTEST v3.7 (Posada, 1998), foi utilizado como o modelo de substituição de nucleótidos mais adequado em todos os casos. A fiabilidade das topologias das árvores ML foi testada utilizando os métodos de união de vizinhos (NJ) e ML com 1.000 e 100 réplicas bootstrap, respetivamente.

3.2.4.3. Análise evolutiva

Utilizando um conjunto selecionado de dados de clados relacionados com o RABV do Ártico (n=67 sequências do gene N e n=46 sequências do gene G, respetivamente), foram inferidas árvores de credibilidade máxima de clados (MCC) utilizando o método Bayesiano de Monte Carlo em cadeia de Markov (MCMC) disponível no pacote BEAST (Drummond & Rambaut, 2007). As sequências foram datadas com o ano de isolamento, e sequências idênticas com o mesmo ano foram excluídas. Todos os alinhamentos utilizados estão disponíveis junto do autor, a pedido. Os valores de probabilidade posterior fornecem uma avaliação do grau de suporte para cada nó da árvore. Esta análise utilizou o GTR+I+£F4 tempo geral modelo reversível de substituição de nucleótidos, utilizando o MODEL TEST v3.7. Todas as cadeias foram executadas durante um período de tempo suficiente para garantir a convergência, tendo sido retirados 10% como "burn-in". Após comparação dos valores de verosimilhança logarítmica calculados para várias execuções através do programa TRACER (http://tree.bio.ed.ac.uk/software/tracer/), um relógio molecular relaxado (exponencial não correlacionado) foi o melhor suportado pelos factores de Bayes. Para além de gerar a árvore MCMC, esta análise também nos permitiu estimar a taxa de substituição de nucleótidos por local (substituições por local por ano) e o tempo até aos antepassados comuns mais recentes (TMRCA) em anos. O grau de incerteza em cada estimativa de parâmetro foi fornecido por valores de 95% da densidade posterior mais elevada (HPD). A atribuição das linhagens utilizadas para a descrição dos diferentes filogrupos descritos neste estudo foi previamente definida ao nível do clado (Bourhy *et al.*, 2008) e no âmbito dos subclados relacionados com o Ártico (Kuzmin *et al.*, 2008).

3.3. Desenvolvimento da vacina anti-rábica em cultura celular

3.3.1 Produção para a produção de vacinas

O banco de células mestras e o banco de células de trabalho foram estabelecidos a partir de células Vero Seed importadas do Institute of Pasture, Paris, em 1999. As células de trabalho foram testadas para deteção de

micoplasma no Australian Animal Health Laboratory, Austrália, em 2010. As células foram armazenadas a -196^{0} C em azoto líquido até à sua utilização. A estirpe RV/RV (vírus Pasteur) importada do Instituto Pasteur de Paris em 2009 foi propagada em células Vero para preparar sementes de vírus da raiva com uma concentração de 10^{7} TCID 50/ml. A caraterização molecular do vírus de semente de trabalho foi efectuada no Centro de
Controlo de Doenças, EUA em 2011 e Instituto de Pasteur, França (Pant *et al.*, 2013b). O vírus da semente de trabalho (PV/RV) foi armazenado a -80^{0} C até à sua utilização.

Eagle's Minimum Essential Media (NISSUI-1) e Dulbecco's Modified Medium, NISSUI-2), Tryptose Phosphate Broth (Merck), L-Glutamine (Gibco), Penicillin Streptomycin (Gibco) Fungizone (Gibco), Kanamycin (Gibco), Soro fetal de vitelo (Gibco), tripsina (Himedia), PBS (NISSUI), albumina humana normal (Reliance) e beta-pripiolactona (Spectrochem)) foram adquiridos ou importados e armazenados à temperatura adequada.

As linhas celulares de trabalho Vero isentas de micoplasma (164P) foram restauradas em meios de crescimento contendo 10% de soro fetal de vitelo e 2mM de L-Glutamina. As células foram suspensas a uma taxa de 2x 10^{5} Células/ml em meio de crescimento e incubadas a 37 0C durante 4-6 dias. As células foram novamente submetidas a uma nova passagem após 4-6 dias. O tamanho do frasco e da garrafa de rolo (Greiner bio-one) era de 25 cm^{2} , 75 cm^{2} , 175 cm^{2} e 850 cm^{2} contendo 10, 30, 50 e 200 ml de volume de meio de cultura, respetivamente. As células foram passadas até 169 passagens em série. O vírus da semente de trabalho foi ajustado para 10^{5} TCID 50/ml para inoculação nas células a 0,1moi. As células infectadas foram mantidas a 34 0C durante 7 dias após a adição de meios de manutenção contendo 0,3% de soro de albumina humana (Montagnon & Fanget, 1996) e 0,02% de canamicina. O fluido de cultura do vírus foi colhido após o desenvolvimento do efeito citopático na célula infetada. A amostra combinada de fluido do controlo celular e do frasco Roller infetado com o vírus foi testada utilizando o kit de teste rápido Anigen para a deteção do vírus da raiva. A amostra colhida da célula infetada foi considerada positiva para o antigénio do vírus da raiva, enquanto o fluido colhido da célula de controlo foi negativo para o vírus da raiva. O vírus colhido foi então centrifugado a 10 000 rpm num rotor de fluxo contínuo e condensado para purificação numa máquina Pellicon (milli pore) com velocidade Pump Master flex de 0,5, pressão de alimentação de 0,2 kg/cm^{2} e membrana de filtro pelicano com poros de 0,2 um. Foi preparada uma concentração dez vezes superior de fluido de vírus condensado na máquina Pellicon. Finalmente, este fluido de vírus foi inactivado com beta propiolactona na diluição de 0,025% (Pant 2013c; Pant *at el.*, 2014).

Após a produção, foram realizados uma série de testes de controlo de qualidade, tais como especificidade, titulação do vírus na linha celular BSR, inativação em células BSR e em ratinhos albinos suíços, esterilidade em caldo de tioglicolato e caldo Sabouraud, toxicidade e teste NIH em ratinhos e teste de segurança em cães, de acordo com o procedimento operacional normalizado para a produção de vacinas contra a raiva em cultura de tecidos desenvolvido pela RVPL (2010). A potência da vacina foi testada no Laboratório de Vida Selvagem de Nancy, em França, e a eficácia da vacina foi também testada em ratos através da realização do teste de inibição do foco fluorescente da raiva (RFFIT) no Instituto de Investigação Veterinária de Changchun, na China. O procedimento operacional normalizado pormenorizado é apresentado nas rubricas seguintes.

3.3.1.1. Restauração das células

A célula de trabalho Vero congelada de 164 passagens mantida em tubo foi retirada do tanque de azoto líquido. O tubo foi descongelado rapidamente em água da torneira contida num copo de vidro. Depois de a suspensão de células ter sido descongelada, foi transferida para um tubo de centrifugação que já continha 10 ml de meio de crescimento. O tubo foi centrifugado a uma velocidade de 1.500 rpm durante 5 minutos. Deitou-se fora o sobrenadante e adicionou-se 10 ml de meio de crescimento, suspendendo as células sedimentadas com uma pipeta. Centrifugou-se novamente a uma velocidade de 1.500 rpm durante 5 minutos. Retirou-se o sobrenadante e adicionou-se 2 ml a 4 ml de meio de crescimento ao tubo, suspendendo as células com uma pipeta. O número de células suspensas foi contado utilizando um hemacitómetro. A concentração de células foi ajustada com o meio de crescimento. Num caso normal, foi ajustada para dar 4 x 10^{5} células/ml como a concentração celular final num frasco de cultura. A célula suspensa foi transferida para um frasco que contém um volume adequado de meio de crescimento. Por fim, as células suspensas foram transferidas para um frasco de cultura ou garrafa de rolo. As células foram incubadas e cultivadas a 37^{0} C numa incubadora ou numa máquina de rolos. O estado das células foi observado todos os dias ao microscópio até a cultura se tornar confluente. Após 4-6 dias, as células desenvolveram-se de forma confluente na superfície do frasco de cultura. Em seguida, as células foram passadas para a geração seguinte de cultura.

3.3.1.2. Passagem de células em pequena escala

Remover o meio antigo do(s) frasco(s) de cultura e lavar a superfície das células com solução de EDTA-Tripsina. Adicionar um pequeno volume de solução de EDTA-Tripsina às superfícies celulares. O(s) frasco(s) foi(ram) mantido(s) numa incubadora a 37^0 C durante 5-10 min. Depois de as células terem sido dispersas do(s) fundo(s) do(s) frasco(s) de cultura, as células dispersas foram transferidas para um tubo de centrifugação que continha meio de crescimento. A suspensão celular foi centrifugada a uma velocidade de 1.500 rpm durante 5 minutos. Deitou-se fora o sobrenadante e adicionou-se um pequeno volume de meio de crescimento ao tubo. As células foram bem dispersas por pipetagem e a suspensão foi diluída com meio de crescimento. Tomou-se uma pequena quantidade da suspensão celular diluída com uma pipeta de Pasteur e colocou-se uma gota da suspensão num hemacitómetro. O número de células foi contado e ajustado à concentração de células para dar 2 x 10^5 células/ml em novos frascos de cultura como uma concentração normal. A suspensão de células ajustada foi transferida para um frasco que contém meio de crescimento.

As células em suspensão no(s) frasco(s) foram observadas num microscópio invertido. As células foram cultivadas numa incubadora a 37 0C. As células foram observadas pelo menos uma vez por dia até atingirem a confluência.

3.3.1.3. Passagem de células em grande escala

O meio antigo de cada garrafa de rolo ou frasco cultivado foi deitado fora. Em seguida, as superfícies celulares foram lavadas com 20 ml de solução PBS (-) e a solução PBS (-) foi removida da garrafa de rolo. Foram adicionados 10 ml de solução de EDTA-Tripsina a cada recipiente de cultura e colocados na máquina de rolos a 37 0C durante 10 minutos. Depois de as células terem sido dispersas da(s) parede(s) do(s) recipiente(s) de cultura, foram adicionados 10 ml de meio de crescimento a cada recipiente de cultura e as células foram dispersas por pipetagem. Uma alíquota das células dispersas foi transferida para cada novo recipiente de cultura, que continha 200 ml de meio de crescimento. Em casos normais, as culturas foram multiplicadas com um rácio de divisão de 1:3. As novas garrafas de rolos foram colocadas na máquina de rolos a 37^0 C para incubar. As células foram observadas pelo menos uma vez por dia até atingirem a confluência.

3.3.1.4. Inoculação do vírus da semente na célula

O meio n.º 1 (meio essencial mínimo sem soro fetal de vitelo) e o meio n.º 2 (meio essencial mínimo com 2% de soro fetal de vitelo) foram preparados a partir do meio básico na sala da câmara de vírus. Foi retirado um tubo de reserva de vírus de semente ativo a -80 0C. O vírus congelado foi rapidamente descongelado em água da torneira. A solução de vírus foi diluída para obter uma multiplicação adequada da infeção (0,1 MOI) com o meio n.º 1. Obteve-se um MOI adequado através de 500 diluições a 1000 diluições da solução viral original. Os frascos de rolos foram retirados da incubadora a 37 ºC. Foram observadas aleatoriamente células de 3 garrafas rolantes num microscópio invertido. Deitou-se fora o meio antigo de cada recipiente de cultura e adicionou-se 20 ml de solução PBS (-) a cada recipiente de cultura e lavou-se a superfície das células. Deitou-se fora a solução PBS (-) de cada recipiente de cultura e adicionaram-se 10 ml das soluções virais ajustadas a cada recipiente de cultura, exceto aos recipientes de controlo. Adicionaram-se 10 ml de meio n.º 1 aos recipientes de controlo e mantiveram-se os frascos rolantes numa máquina de rolos durante 1 hora a 37 0C. Depois de terminado o tempo de adsorção, os recipientes de cultura foram retirados da sala de incubação a 37 0C para a sala da câmara de vírus. O aparelho de engarrafamento foi colocado numa garrafa que já continha o meio n.º 2. Deitaram-se 200 ml de Medium No.2 em cada recipiente de cultura. As garrafas de rolo foram colocadas numa máquina de rolos a 34 0C na sala de incubação. As células infectadas com o vírus foram cultivadas durante 5-7 dias e o ECP foi observado diariamente nas garrafas de rolo infectadas com o vírus e nas garrafas de controlo.

3.3.1.5. Colheita do fluido vírico

Os recipientes de cultura infectados com vírus foram retirados da sala de incubação a 34 0C. As suspensões de vírus dos recipientes foram recolhidas para um frasco vazio. O rotor de fluxo contínuo foi colocado na máquina de ultra-centrifugação através da ligação de dois conjuntos de tubos de silicone esterilizados. O frasco com a suspensão de vírus e o frasco com a solução PBS (-) foram ligados por um conjunto de sifões à entrada do rotor no interior da máquina de ultra-centrifugação e a saída do rotor foi ligada a dois pires (garrafas de 5 a 10 litros) por outro conjunto de sifões através da parte inferior da máquina de ultra-centrifugação. Em primeiro lugar, o rotor foi enchido com 900 ml de solução PBS (-). O tempo e a velocidade de rotação da máquina de centrifugação foram definidos e a máquina foi iniciada premindo o botão de arranque da máquina. A velocidade de aceleração foi verificada cuidadosamente. A vibração ocorria no rotor entre 3.000-5.000 rpm. A máquina foi desligada se a vibração fosse forte. A máquina foi aberta e verificada. A solução de PBS (-) no frasco foi deixada a correr lentamente quando a velocidade de rotação atingiu 10.000 rpm. A velocidade do fluxo foi ajustada utilizando um conjunto de forquilhas a uma velocidade de 100-120 ml/min. Em seguida, o fluxo da solução de vírus foi direcionado para o rotor, passando da solução de PBS (-) para a suspensão de vírus e recolhendo o fluido de vírus purificado para o frasco. Após o escoamento da suspensão de vírus, deixou-se fluir a solução de PBS (-) para o rotor de fluxo contínuo para lavar a suspensão de vírus no rotor. Quando a solução de PBS (-) apareceu no pires, o interrutor do rotor foi desligado. Depois de a rotação ter parado, o frasco que continha o sobrenadante da suspensão de vírus foi transferido para a sala da câmara de vírus. Os materiais de amostra foram retirados do pires e divididos em tubos de reserva. Os tubos de reserva são armazenados a -80^0 C. Finalmente, o volume do sobrenadante foi medido e sujeito a concentração.

3.3.1.6. Concentração da suspensão de vírus

Em primeiro lugar, foi deitada fora a solução de NaOH 0,5N da cassete Pellicon. Colocou-se o tubo Y acessório, constituído por um tubo longo e dois tubos curtos. O tubo longo foi ajustado para passar através da bomba e depois ligado ao Pellicon (no lado da alimentação). Dos dois tubos curtos do tubo tipo Y, um foi ligado a um frasco de solução PBS (-) e o outro foi ligado a um frasco com a suspensão de vírus após a centrifugação. O tubo curto foi ligado ao Pellicon (ao retentor), o tubo fino ao Pellicon (ao permeado) e o outro lado do tubo fino foi ligado a um frasco vazio (pires). A cassete de Pellicon foi apertada com um roquete. Abriram-se as válvulas do lado da alimentação e do lado da retenção. A válvula do lado do permeado foi fechada. O tubo curto do tipo Y, que se ligava ao frasco com a suspensão do vírus, foi disparado. Rodou-se a bomba e ajustou-se a velocidade do fluxo (0,20,5 na escala da bomba). A pressão de alimentação foi verificada para manter a leitura de 0,2-0,4 kg/cm^2 . Deixou-se fluir a solução de PBS (-) do frasco de solução de PBS (-) para a bomba e passar através da cassete Pellicon para o pires. Quando a solução PBS (-) saiu do lado retentivo da cassete Pellicon, mediu-se o valor do pH do fluido que saía da cassete Pellicon. O valor do pH foi diminuindo gradualmente. Quando o valor do pH atingiu 7,2 a 7,4, a bomba foi parada e a válvula retentora desligada. O tubo lateral retentor foi retirado e o tubo longo foi colocado. O outro lado do tubo longo foi colocado no frasco com a suspensão de vírus. Fechou-se o tubo ligado ao frasco da solução de PBS (-) do tubo de tipo Y e abriu-se o tubo ligado ao frasco da solução de vírus do tubo de tipo Y. Abriu-se a válvula de retenção, desligou-se novamente a bomba e ajustou-se a velocidade do fluxo (0,2-0,5 na escala da bomba). Abriu-se lentamente a válvula do permeado e verificou-se o fluxo do permeado. O caudal foi ajustado entre 100 ml/min e 120 ml/min. O volume da solução de vírus no frasco diminuiu gradualmente. Recolheu-se uma pequena quantidade do fluido permeado num pequeno frasco (para a titulação do vírus permeado). Quando o volume da solução concentrada de vírus atingiu cerca de 500 ml, a bomba foi desligada. Abriu-se o tubo do tipo Y que estava ligado ao frasco de PBS (-) e fechou-se a válvula do permeado. A bomba foi desligada. O fluxo da solução PBS (-) no frasco foi direcionado através da cassete Pellicon para empurrar a solução concentrada de vírus para o frasco. Quando o volume da solução concentrada de vírus atingiu 2,000 ml, a bomba foi parada. O tubo foi retirado do frasco da suspensão concentrada de vírus e do lado de retenção, bem como do frasco da solução PBS (-) e do lado de alimentação. O tubo do Permeado foi retirado. Adicionou-se à cassete uma solução de NaOH 0,5N e fecharam-se as três válvulas da cassete Pellicon. A solução de vírus mais pura e concentrada e a solução permeada foram recolhidas para medir o título do vírus na sala da câmara de vírus. A suspensão de vírus mais pura e concentrada foi transferida para outro frasco e depois submetida a inativação com P-propiolactona (BPL).

3.3.2. Procedimento do teste de qualidade

3.3.2.1. Inativação

O frasco que continha o fluido viral condensado foi transferido para a sala da câmara de vírus. O volume da suspensão de vírus foi medido. Preparou-se uma solução de 2,5% de BPL com água destilada e verificou-se a transparência da solução de 2,5% de BPL. A solução suja foi deitada fora e não foi utilizada para inativar a solução de vírus. A suspensão de BPL a 2,5% foi vertida na solução de vírus de modo a que a concentração final de BPL seja de 0,025% (1:4.000). O frasco foi agitado suavemente e armazenado a 4^0 C. O frasco foi agitado pelo menos 3 vezes por dia durante 3 dias. Finalmente, a solução de vírus inactivado ou a vacina anti-rábica de cultura celular para uso humano foi armazenada a 4 °C para o teste de qualidade.

3.3.2.2. Titulação do vírus

As células BHK foram cultivadas numa microplaca de 96 poços. As superfícies das células em cada poço foram lavadas duas vezes com 0,1 ml/poço de meio n.º 1. A amostra foi diluída com o meio n.º 2 de 10^{-1} para 10^{-10} . O Medium No.1 em cada poço da microplaca foi descartado. Foi adicionado 0,1 ml de cada diluição de 10-1^10-3 a 10 ^10^{-8-10} a cada poço. Foram utilizados 4-5 poços para cada diluição da solução de vírus. Foi adicionado 0,1 ml de meio n.º 2 aos poços de controlo. Foram utilizados 4-5 poços para as células de controlo. A microplaca foi cultivada a 37 0C numa incubadora de CO2 durante 7 dias. O efeito citopático (CPE) em cada poço foi observado e registado. O aparecimento de efeito citopático nas células infectadas com o vírus indica que as células foram infectadas pelo vírus. Após 7 dias de observação, o título do vírus de
O TCID5o/ml foi calculado de acordo com o método de Reed e Muench ou Behren-Karber.

3.3.2.3. Teste de esterilidade

Foram preparados os meios de cultura caldo de tioglicolato (digestão pancreática de caseína-15, extrato de levedura-5, dextrose-5,5, NaCl-2,5, tioglicolato de sódio-o,5, L-cisteína, 0,5, resazorina sódica 0,001 g/L) e caldo de Sabouraud (peptose especial-10, dextrose-20 g/L). Oito tubos de caldo de tioglicolato e 4 tubos de caldo Sabouraud foram utilizados no teste de esterilidade para uma amostra. Foram retirados 9 ml da amostra de ensaio do frasco que continha a solução de amostra. A amostra foi adicionada diretamente a cada tubo dos caldos, ou vertida uma vez para um frasco esterilizado de 50 ml e depois adicionada a cada tubo de meio. De 9 ml das amostras de teste, 6 ml foram utilizados para o teste com caldo de tioglicolato e 3 ml foram utilizados para o teste com caldo Sabouraud. Uma alíquota de 1 ml dos 6 ml foi inoculada em cada um dos 4 tubos de caldo de tioglicolato e uma alíquota de 0,5 ml foi inoculada em cada um dos outros 4 tubos de caldo de tioglicolato, respetivamente. Os dois tubos inoculados com 1 ml e os 2 tubos com 0,5 ml foram incubados a 37^0 C e os restantes tubos inoculados com 1 ml ou 0,5 ml foram incubados à temperatura ambiente. Da mesma forma, uma alíquota de 1 ml da amostra de 3 ml foi inoculada em cada um de 2 tubos de caldo Sabouraud e uma alíquota de 0,5 ml foi inoculada em cada um de 2 tubos de caldo Sabouraud. Todos estes tubos foram incubados à temperatura ambiente. Todos os tubos incubados a 37 0C ou à temperatura ambiente foram observados durante 14 dias.

3.3.2.4. Teste de coloração

Colocou-se uma gota de 0,1 ml da amostra sobre uma lâmina de vidro. O esfregaço foi preparado e fixado por aquecimento numa chama suave. Preparou-se a coloração com Giemsa a 10%. Adicionou-se uma gota de solução de Giemsa a 1 ml de água destilada. Verteu-se cerca de 0,5 ml da solução de Giemsa diluída sobre a amostra fixada na lâmina de vidro. A amostra foi corada com a solução de Giemsa diluída durante 5 a 10 minutos. A solução de coloração foi lavada com água da torneira e a lâmina de vidro foi seca. A presença de partículas estranhas foi examinada em 30 campos da amostra na lâmina de vidro ao microscópio com uma ampliação de 1000X.

3.3.2.5. Medição do pH

Com uma pipeta, retirou-se cerca de 0,5 ml do material de ensaio de um frasco da amostra ou de uma ampola da amostra e verteu-se para um frasco pequeno esterilizado ou para um copo. Cortou-se um pequeno pedaço do papel indicador de pH e segurou-se com uma pinça. O pedaço de papel indicador foi imerso no material de ensaio apenas durante um curto período de tempo e foi retirado do material de ensaio. A cor do papel indicador foi comparada com a cor padrão de cada valor de pH. O pH da amostra foi estimado e registado. O pH aceite da amostra situava-se entre 6,8 e 7,4.

3.3.2.6. Teste de inativação em ratos

Foram utilizados dez ratinhos albinos suíços de 4 semanas de idade para o teste de inativação. A vacina na dose de 0,03 ml/rato da amostra foi injectada por via intracerebral. Os ratinhos foram observados durante 14 dias para o desenvolvimento de sinais clínicos e morte. Qualquer morte ocorrida nos primeiros quatro dias foi considerada uma morte acidental que não se deveu à amostra mas sim ao stress. A amostra de cérebro desses ratos mortos foi testada e deu negativo para o vírus da raiva. O teste foi considerado válido e aprovado após 14 dias a partir do dia da injeção para passar no teste. O teste foi repetido se houvesse qualquer mortalidade anormal de ratos no prazo de 14 dias. Os ratos sobreviventes foram submetidos a eutanásia após o teste.

3.3.2.7. Teste de inativação em linha celular

Primeira etapa ou 1st geração de inativação foi realizada utilizando células BSR cultivadas em frascos de cultura de 75 cm^2 . O meio antigo foi eliminado dos frascos. A camada de células BSR foi lavada com o meio n.º 1 duas vezes. No frasco destinado à amostra, foram adicionados 3 ml da solução de amostra, que foi retirada de um frasco que continha a amostra, utilizando uma pipeta esterilizada. Ao balão destinado ao controlo negativo foram adicionados 3 ml/balão de Medium No.1. A estirpe PV/RV do vírus da raiva foi diluída numa diluição adequada e o(s) frasco(s) designado(s) para o controlo positivo foi(foram) adicionado(s) com 3 ml/ frasco da solução de vírus diluída. Estas culturas de células BSR foram mantidas numa incubadora a 37^0 C durante 60 minutos para permitir que os vírus presentes nas amostras se adsorvessem às células. Os frascos de cultura foram agitados de 20 em 20 minutos. Após o tempo de adsorção, todos os frascos foram retirados da incubadora e os fluidos foram deitados fora. 30 ml de Medium No.

2 foi adicionado a cada frasco de cultura. Todos os frascos de cultura foram cultivados numa incubadora a 34 0C durante 7 dias. Todos os frascos foram observados durante 7 dias para verificar se o efeito citopático (CPE) se tinha desenvolvido. Normalmente, o efeito citopático (ECP) não apareceu nas células do frasco de amostra e do frasco de controlo negativo, mas o ECP ocorreu no frasco de controlo positivo durante 4-5 dias após a infeção com o vírus da raiva. A cultura de amostra, a cultura de controlo negativo e a cultura de controlo positivo foram colhidas aos 7 dias e armazenadas a -80 0C antes do início do cultivo para a geração seguinte

ou para a segunda geração.
Em 2nd geração, as células BSR foram cultivadas em frascos de cultura de 75 cm^2. O meio antigo foi eliminado dos frascos. As camadas de células BSR foram lavadas com o meio n.º 1 duas vezes. As células BSR foram mantidas com o Meio No.1 numa incubadora a 37 0C até à preparação dos materiais de inoculação. Todas as culturas congeladas nos frascos na primeira etapa (1st geração) foram retiradas do congelador ultra-profundo a -80 0C. Estas culturas congeladas foram descongeladas rapidamente em água da torneira. Foram transferidos 10 ml de cada cultura para um tubo de centrifugação, respetivamente. Os tubos de centrifugação foram colocados a uma velocidade de 1500 rpm durante 5 minutos. Após a centrifugação, os frascos de cultura foram retirados com células BSR da incubadora a 37 0C. O meio n.º 1 foi eliminado dos frascos e adicionado com 3 ml de cada sobrenadante a uma ou mais culturas novas. Quanto ao controlo positivo, o sobrenadante da cultura é diluído até 100 vezes antes da inoculação. O sobrenadante do controlo positivo foi vertido em tubos de ensaio/crio (1,5 ml/tubo) e armazenado a -80 °C. Estas células BSR foram mantidas para culturas numa incubadora a 37 °C durante 60 minutos para permitir que os vírus se adsorvessem às células. Entretanto, os frascos de cultura foram agitados de 20 em 20 minutos. Depois de terminado o tempo de adsorção, os frascos foram retirados da incubadora e os fluidos foram eliminados. Foram adicionados 30 ml de meio n.º 2 a cada frasco. Todos os frascos foram cultivados numa incubadora a 34^0 C durante 7 dias. Todos os frascos foram observados durante 7 dias para verificar se se tinha desenvolvido um efeito citopático (ECP). O teste foi considerado válido quando não se verificou efeito citopático (ECP) nas células do(s) frasco(s) de amostra e do(s) frasco(s) de controlo negativo, e se verificou efeito citopático (ECP) nas células do(s) frasco(s) de controlo positivo no prazo de 4-5 dias. O teste era repetido se o efeito citopático aparecesse na célula de controlo e na amostra. As células BSR foram utilizadas para o teste de inativação celular porque o ECP era óbvio. As células Vero não apresentaram ECP evidente.

3.3.2.8. Teste de especificidade

Após o enchimento dos frascos com os volumes finais, cada frasco foi observado quanto a substâncias estranhas, cor da vacina, volume da vacina, partículas estranhas nos frascos, odor do líquido e estado das tampas. Verificou-se se os frascos apresentavam fissuras. A cor das vacinas cheias era vermelha clara a olho nu. Os frascos-padrão foram preparados enchendo-os com 1,0 ml, 1,2 ml ou 1,4 ml de água destilada. Cada frasco de vacina cheio foi comparado com os frascos-padrão. Quando o volume de um frasco cheio era inferior a 1,0 ml ou superior a 1,4 ml, era rejeitado. As substâncias estranhas foram examinadas a olho nu e através do teste da rede. Cada frasco de vacina foi examinado sob uma luz eléctrica num local escuro. Se nos frascos estivessem presentes substâncias estranhas, tais como estruturas semelhantes a fios, pequenas partículas e pequenas partículas semelhantes a metal, etc., os frascos eram eliminados. O odor do frasco de vacina não era desagradável. O frasco de vacina com cheiro desagradável foi descartado. Este teste foi efectuado após a conclusão da medição do pH e do teste da rede. As tampas partidas foram substituídas por novas o mais rapidamente possível. Os frascos com tampas soltas foram retirados e as tampas foram substituídas por novas. As novas tampas foram então fechadas. Observou-se se cada frasco estava rachado ou não. Os frascos rachados foram descartados.
Os números dos frascos que passaram no teste de especificidade foram contados e armazenados a 4^0 C.

3.3.2.9. Ensaio de malha

A rede foi mantida sobre o pires para recolher os fluidos filtrados. Tiraram-se dois a três frascos de vacina do frigorífico. Abriram-se as tampas dos frascos e os fluidos foram vertidos sobre a rede. A superfície da rede foi observada para detetar qualquer partícula estranha ou sedimento não filtrado. A vacina foi aprovada quando nada foi encontrado na rede. A origem e as causas devem ser examinadas quando se encontra algo não filtrado sobre a rede.

3.3.2.10. Ensaio de toxicidade

A vacina foi retirada do congelamento. Dez ratos albinos suíços de 4 semanas de idade foram mantidos numa gaiola para o teste de toxicidade. Foram injectados cinco ml de vacina por via intra-peritoneal (ip) em cada ratinho. Os ratinhos injectados foram observados durante 14 dias. O teste era aprovado se todos os ratos permanecessem saudáveis, sem quaisquer sintomas clínicos, e sobrevivessem até 14 dias após a injeção.

3.3.2.11. Teste de potência (teste NIH)

A qualidade das vacinas foi examinada pelo teste NIH (National Institute of Health). A vacina produzida e a vacina de referência foram diluídas numa série de cinco vezes e cada diluição foi injectada em ratinhos duas vezes com um intervalo de uma semana (vacinação). Todos os ratinhos vacinados foram então desafiados com a estirpe CVS (Challenge virus standard) do vírus da raiva logo após 7 dias da segunda vacinação (OMS 2005 & 1996). Os ratos imunizados estavam vivos e os ratos não imunizados estavam mortos. O valor da potência da vacina foi calculado com base nos ratinhos vivos. Este teste foi efectuado em três etapas. Na primeira etapa, preparou-se e titulou-se o vírus-semente de trabalho CVS. Na segunda etapa, os ratinhos foram vacinados com a vacina produzida e com a vacina de referência. Na terceira etapa, todos os ratinhos vacinados foram desafiados pelo vírus-semente de trabalho CVS e procedeu-se também à retrotitulação do vírus-semente de trabalho CVS.

Numa primeira fase, foi retirado um cérebro de rato infetado e medido o seu peso. Preparou-se uma quantidade adequada de água destilada contendo 2% de soro de cavalo. Preparou-se uma suspensão de 20% dos cérebros de ratinho infectados em água destilada contendo soro de cavalo a 2% com um almofariz/pilão. Foi introduzido um volume adequado de 20% de suspensão de cérebros de ratinho infectados em cada tubo de reserva para produzir o vírus-semente de trabalho CVS. Os tubos de reserva foram armazenados a -80^{0} C. Um dos tubos de reserva do CVS working seed virus foi retirado de -80 0C e fundido. O fluido do CVS working seed virus foi transferido para um tubo de centrifugação e centrifugado a uma velocidade de 1500 rpm durante 5 minutos. Após a centrifugação, o sobrenadante foi recolhido e transferido para um novo tubo de ensaio. Foi preparada uma suspensão a 10% do vírus da semente de trabalho CVS. Foram preparadas diluições seriadas de dez vezes da suspensão a 10% até 10^{-6} com um diluente (2% de soro de cavalo em água destilada arrefecida). Foram injectados no cérebro de ratinhos 0,03 ml de cada suspensão diluída do vírus. Foram utilizados 5 a 10 ratinhos para cada diluição. Os ratinhos foram observados regularmente durante 14 dias e registou-se se estavam doentes, paralisados ou mortos. A dose letal (DL)50/0,03 ml foi calculada de acordo com o método de Reed e Muench ou o método de Behrens-Karber.

Na segunda etapa, a amostra de ensaio (vacina) e a vacina de referência foram diluídas com solução PBS (-). Os ratinhos com cerca de 4 a 5 semanas de idade foram inoculados intraperitonealmente com 0,5 ml de cada solução diluída da amostra para ensaio e da vacina de referência, utilizando 5 a 10 ratinhos para cada diluição. Cada solução diluída da amostra em estudo e da vacina de referência foi injectada novamente no mesmo ratinho com um intervalo de uma semana. Os ratos de controlo (ratos não vacinados) também foram mantidos juntos durante o mesmo período.

Na terceira etapa, todos os ratinhos vacinados foram desafiados com a estirpe CVS, tendo sido também efectuada a titulação da dose desafiada com a estirpe CVS. Um tubo de reserva do vírus-semente de trabalho CVS foi retirado de -80 °C e fundido imediatamente. A solução de CVS working seed virus foi transferida para um tubo de centrifugação e centrifugada a uma velocidade de 1 500 rpm durante 5 minutos. O sobrenadante foi recolhido e colocado num novo tubo de ensaio. Adicionou-se ao sobrenadante um volume igual de água destilada contendo 2% de soro de cavalo, de modo a obter uma solução a 10% do vírus da semente de trabalho CVS. A taxa de diluição foi calculada de modo a obter 5 a 50 LD50/0,03 ml, de acordo com a dose infecciosa de 50% do CVS working seed virus. O CVS working seed virus foi diluído de modo a fornecer 5 a 50 LD50/0,03 ml. Esta foi a dose de provocação para os ratinhos vacinados. A dose de desafio foi ainda diluída de 10^{-1} para 10^{-3} para a titulação posterior. Esta diluição foi efectuada ao mesmo tempo para conhecer a dose de provocação real. A dose de desafio do vírus foi inoculada em cada ratinho vacinado por via intra-cerebral. Os ratos de controlo (ratos não vacinados) foram inoculados intra-cerebralmente com cada diluição de 10^{-0} a 10^{-3} para a titulação posterior. Todos os ratinhos foram observados durante 14 dias após a injeção do vírus. Os ratinhos que estavam mortos após o quinto dia da injeção e que apresentavam sinais e sintomas como paralisia e convulsões foram considerados mortos por raiva. Os ratos que estavam paralíticos mas que sobreviveram no 14.º dia de observação foram também considerados ratos mortos de raiva. Os ratos sobreviventes foram submetidos a eutanásia após o ensaio. Foi calculada a diluição de 50% no ponto final da amostra de ensaio e da vacina de referência. O teste foi considerado válido ou concluído quando a dose de provocação, a partir dos resultados da titulação posterior, foi de 5 LD50/0,03 ml a 50 LD50/0,03 ml. O teste era repetido novamente se a dose de provocação fosse inferior a 5 DL50/0,03 ml ou superior a 50 DL50/0,03 ml. A unidade internacional (UI) da amostra de teste foi calculada de acordo com o título da vacina de referência.

3.3.2.12. Teste de segurança

Este teste foi efectuado para confirmar a ausência de perigos, tais como bactérias contaminadas, vírus infecciosos e substâncias tóxicas na vacina. Foram selecionados dois cães com 5-10 kg de peso corporal e examinados clinicamente. Foram medidos os pesos corporais e as temperaturas dos cães. Foram administrados 10 ml/dose da amostra por via subcutânea (sc) ou intramuscular (im) a cada cão. Estes cães foram observados durante 10 dias. O teste foi considerado válido se os cães vacinados não apresentassem quaisquer sintomas clínicos de qualquer doença e não perdessem peso até 10 dias após a vacinação. Os cães testados receberam alimentação e abrigo normais durante a observação.

3.3.2.13. Teste rápido de inibição de focos fluorescentes (RFFIT)

O objetivo deste teste era conhecer a capacidade ou eficiência da vacina nepalesa para produzir anticorpos protectores no hospedeiro após a vacinação. Este teste foi efectuado em duas etapas. Na primeira etapa, foram utilizados dois grupos de ratinhos com um mês de idade para este teste. Cada grupo tinha 10 ratinhos. Um

grupo de ratinhos foi injetado com 50 ,ul de vacina diluída 1:10 nos músculos da coxa, enquanto que ao outro grupo de ratinhos não foi administrada qualquer vacina. Ambos os grupos de ratinhos foram mantidos durante 14 dias. O sangue foi colhido de ambos os ratinhos, removendo o globo ocular com a ajuda de uma pinça. Foram colhidos diretamente 200 gl de sangue de cada ratinho para tubos. O soro foi retirado das amostras de sangue e armazenado a -40^0 C para detetar o título de anticorpos utilizando RFFIT (OMS, 1996).
Na segunda etapa, as células de neuroblastoma de ratinho (MNA) foram cultivadas num frasco de cultura de 150 ml. As células com três dias de idade foram tripsinizadas. As células foram ressuspendidas num tubo de centrifugação cónico de 50 ml em 2,7 ml de meio essencial mínimo de Eagle suplementado com 10% de soro fetal de bovino (EMEM-10). Utilizando procedimentos normais de segurança contra a raiva, o vírus da raiva CVS-11 foi adicionado às células. As células e o vírus foram incubados durante 15 minutos a 37 0C e as células foram misturadas ou agitadas em vórtex uma vez durante este período. Foram adicionados 10 ml de EMEM-10, misturados em vórtex e centrifugados a 500 ***g*** durante 10 minutos. O sobrenadante foi eliminado e as células foram ressuspendidas em 30 ml de meio de crescimento e transferidas para um balão de 150 ml. O frasco foi agitado suavemente para misturar a suspensão de células. Foram preparadas três lâminas de câmara de cultura de tecidos com oito poços, pipetando 0,2 ml da suspensão de células para um poço de cada lâmina. O frasco e as lâminas foram incubados a 37 °C numa estufa humidificada com 5% de dióxido de carbono (CO2). Durante a incubação, o frasco foi fechado com a tampa bem apertada. As lâminas foram fixadas com acetona e coradas utilizando uma técnica de imunofluorescência (Cliquest *et al.,* 1998) às 20, 40 e 64 horas após a infeção, para determinar a infecciosidade do vírus. O sobrenadante foi colhido 24 horas após as células terem atingido 100% de infecciosidade (normalmente 40 horas após a infeção).
O sobrenadante foi transferido para um tubo de centrifugação de 50 ml e centrifugado a 4000 ***g*** durante 10 minutos e distribuído em alíquotas de 0,5 ml para armazenar a -70^0 C. Foi descongelada uma alíquota do vírus da semente e preparada uma diluição seriada de 10-1 a 10-8 em EMEM-10. Cem ul de cada diluição do vírus foram distribuídos num poço de uma lâmina de oito poços de uma câmara de cultura de tecidos. Adicionaram-se duzentos ul de células MNA suspensas em EMEM-10 (concentração 5 x 104 células por 0,2 ml) a cada poço. As células e o vírus foram misturados por agitação suave e incubados a 37 °C numa incubadora humidificada com 0,5% de CO2 durante 40 horas. As lâminas foram fixadas com acetona e coradas com uma técnica de imunofluorescência. Foi observada evidência de infeção viral na diluição 10-6 do vírus, indicando uma suspensão de reserva de vírus contendo pelo menos 1 x 106 unidades infecciosas por 0,1 ml. Foi preparado um número suficiente de vírus de semente para que não fosse necessária a passagem frequente do vírus em série. As células MNA foram infectadas com 1 x 107 unidades infecciosas da preparação do vírus inicial. Cada poço de uma lâmina de oito poços de uma câmara de cultura de tecidos continha 25-50 campos microscópicos distintos quando observados com uma ampliação de 160-200 vezes. Uma unidade de vírus para a RFFIT foi determinada como a diluição na qual 50% dos campos microscópicos observados continham um ou mais focos de células infectadas (a dose formadora de focos, FFD50). A suspensão do vírus de reserva continha pelo menos 1 x 104 FFD50 por 0,1 ml (ou seja, o poço com células infectadas com a diluição 10-4 do vírus deveria conter pelo menos um foco de células infectadas em 50% dos campos microscópicos observados). Uma suspensão de vírus de reserva com este título foi diluída a 10-2,3 para obter um vírus de desafio com 50 FFD50. Em cada teste foi incluído um padrão de soro de referência nacional ou internacional diluído até uma potência de 2,0 UI/ml. O soro de referência foi recebido do Laboratório de Referência do OIE, Reino Unido. O soro de referência foi mantido sob a forma de alíquotas congeladas em quantidades suficientes para uma semana de testes. O laboratório preparou um padrão de controlo do soro positivo diluído até uma potência de 0,5 UI/ml e um padrão de controlo do soro negativo com uma potência <0,1 UI/ml. As amostras de soro foram aquecidas a 56 °C durante 30 minutos antes do teste, a fim de inativar o complemento. No entanto, os soros congelados não foram reaquecidos após a descongelação. Foram preparadas diluições em série dos soros de ensaio numa lâmina de oito poços em câmara de cultura de tecidos. As diluições de rastreio de 1/5 e 1/50 foram suficientes para o teste de rotina dos animais vacinados. A diluição 1/2,5 foi preparada adicionando 0,1 ml de soro inactivado e 0,15 ml de EMEM-10 a uma das lâminas. O soro diluído foi misturado agitando suavemente a lâmina. Transferiu-se 0,05 ml da diluição 1/2,5 para um segundo poço contendo 0,45 ml de EMEM-10. Este processo foi repetido para preparar outras diluições. Adicionaram-se 100 ul da preparação do vírus de desafio (contendo 32-100 FFD50) a todas as diluições de soro. A lâmina foi incubada a 35^0 C numa incubadora humidificada com 0,5% de CO2 durante 90 minutos.
Durante o período de incubação, foi tripsinada uma cultura de reserva de células de MNA com 3-5 dias de idade. As células foram ressuspendidas em EMEM-10 para obter uma concentração final de 1 x 105 células por 0,2 ml. Foram distribuídos 0,2 ml da suspensão de células em cada poço da lâmina e incubados a 35 °C numa incubadora humidificada com 0,5% de CO2 durante mais 20 horas. Após 20 horas, as lâminas foram retiradas da incubadora e o meio foi removido para uma solução virucida. As lâminas foram anilhadas uma

vez em PBS e depois fixadas durante 10 minutos à temperatura ambiente em acetona fria (-20 0C). As lâminas foram deixadas a secar durante 10 minutos antes de se adicionar o soro antirrábico conjugado com FITC. O conjugado foi preparado em EMEM-10 ou PBS. A diluição de trabalho do conjugado 1:25 foi determinada por titulação. As lâminas foram coradas durante 20-30 minutos a 37 0C e depois lavadas em PBS e água destilada, respetivamente. As lâminas foram observadas num microscópio de fluorescência (Olympus).

O vírus residual foi detectado utilizando um microscópio de fluorescência padrão. O título do ponto final de seroneutralização foi definido como o fator de diluição da diluição de soro mais elevada em que 50% dos campos microscópicos observados continham uma ou mais células infectadas (ou seja, uma redução de 97% do inóculo do vírus). Este valor foi obtido por interpolação matemática. Em alternativa, foi também determinado um título de neutralização de 100%, registando a diluição de soro mais elevada na qual 100% do inóculo de desafio foi neutralizado e não existiam células infectadas em nenhum dos campos observados. Para ambos os métodos de titulação, o título de anticorpos no soro testado (em UI/ml) foi obtido por comparação com o título do padrão de referência nacional incluído em cada teste. Foram utilizados gráficos de controlo para o vírus da raiva, soro negativo e soro padrão positivo. A titulação de retorno do vírus CVS, bem como o soro negativo e o soro padrão positivo, foram necessariamente utilizados na placa de controlo. Cada lâmina da câmara tinha 25-50 campos e todos foram observados com uma ampliação de 160-200x. Foi necessário efetuar um mínimo de diluições de três a cinco vezes dos soros. Para a conversão de log D50 em UI/ml, foi geralmente utilizado apenas o valor log D50 do soro padrão positivo de origem.

3.3.2.14. Teste de vacina para profilaxia pós-exposição

A potência da vacina foi testada em ratinhos albinos suíços com um mês de idade. Em primeiro lugar, foram preparadas amostras de suspensão cerebral a 10% utilizando amostras de campo que foram positivas para a raiva no teste rápido de deteção de antigénio e no teste de anticorpos fluorescentes. Foram injectados 20 ratos na dose de 0,1 ml de amostras de cérebro a 10% por via intramuscular (IM). Estes ratos foram distribuídos em dois grupos, mantendo 10 ratos em cada grupo. No segundo dia, o primeiro grupo de ratinhos foi vacinado com 0,5 ml de vacina aos 0, 3, 7, 14 e 28 dias por via IM. Os ratos do segundo grupo foram mantidos como controlo sem vacinação. Ambos os grupos de ratinhos foram observados durante 30 dias. Os ratinhos não vacinados desenvolveram sintomas de paralisia aos 9 dias após a inoculação do vírus de campo e todos os ratinhos morreram aos 14 dias; em contrapartida, todos os ratinhos permaneceram saudáveis até aos 30 dias, sem apresentarem quaisquer sinais de sintomas clínicos e de paralisia.

Capítulo 4

Resultados e discussão

4.1. Estudo epidemiológico

4.1.1 Surtos de raiva em animais domésticos

Registaram-se 238 surtos e 401 mortes de animais durante o período de estudo de 2010 a 2012 em 44 distritos. Os animais afectados apresentaram vários sintomas clínicos, mas a salivação, a tendência para morder ou atacar, a falta de coordenação, a paralisia e a morte foram dominantes. Prevalência A raiva foi encontrada em bovinos, búfalos, cães, cabras e porcos. O número de surtos foi de 84, 68, 61, 23 e 2 em bovinos, búfalos, cães, cabras e porcos, respetivamente. Da mesma forma, o número de casos foi de 133, 88, 141, 29 e 10 em bovinos, búfalos, cães, cabras, bovinos e suínos, respetivamente, como mostra a Tabela 1.

Tabela 1: Surtos de raiva em animais domésticos

Espécies	Búfalo	Cão	Cabra	Gado	Porco
Surto	68	61	23	84	2
Afectados	88	141	29	133	10

A prevalência da raiva foi encontrada em bovinos, búfalos, cabras, cães e porcos no Nepal durante 2010-2012, de acordo com um inquérito epidemiológico. A prevalência da raiva também foi registada em cães, bovinos, búfalos e cabras na Índia (Rahman, 2011) e em búfalos, suínos, ovelhas, veados, furões, texugos e cães-guaxinim na China (Tu, 2011). Por conseguinte, a prevalência da raiva em diferentes espécies de animais foi semelhante à dos países vizinhos, Índia e China. Os sintomas clínicos da raiva em suínos, tais como tremores num canto escuro, grunhidos profundos, falta de apetite, recumbência, embotamento, falta de coordenação e paralisia, são semelhantes aos de outras doenças, como a pseudo-raiva, que devem ser confirmados por uma série de testes laboratoriais de confirmação diferencial. O diagnóstico diferencial em amostras negativas de suínos não foi efectuado devido à falta de instalações laboratoriais.

4.1.2 Distribuição mensal da raiva

Durante o período de estudo de 2010 a 2112, foram encontrados surtos de raiva durante todo o ano, de janeiro a dezembro. Os números de surtos foram mais elevados (36) em junho e mais baixos (9) em setembro, conforme apresentado no Quadro 2.

Quadro 2 Distribuição mensal da raiva

Mês	Jan	Fev	Mar	abril	maio	Jun	Jul	agosto	setembro	outubro	Nov	Dez
Surto	29	17	24	11	14	36	27	13	9	29	11	18
Afectados	35	21	37	15	25	38	66	21	18	82	22	21

Foram observados surtos de raiva durante todo o ano, de janeiro a dezembro, no país. O maior número de surtos ocorreu em junho e o maior número de animais afectados ocorreu em outubro, o que pode dever-se à atividade dos animais selvagens neste período.

2.1.3. Frequência de surtos em diferentes distritos

O surto de raiva foi encontrado em 44 dos 75 distritos do país de 2010 a 2012. A prevalência da raiva foi registada em Achham, Argakhanchi, Baglung, Bajura, Banke, Bara, Dadeldhura, Dailekh, Dang, Dhankuta, Dhanusha, Dolakha, Doti, Gorkha, Humla, Ilam, Jajarkot, Jhapa, Kailali, Kalikot, Kanchanpur, Kapilbastu, Kaski, Kathmandu, Kavre, Lalitpur, Lamjung, Mahottari, Makwanpur, Morang, Nawalparasi, Okhaldhunga, Palpa, Panchthar, Pyuthan, Rautahat, Rolpa, Salyan, Sindhuli, Siraha, Syanga, Tanahun, Terathum. O número de focos foi mais elevado (19) em Kanchanpur. O surto de raiva não ocorreu em 26 distritos, enquanto 12 distritos tiveram apenas um surto, conforme apresentado na Tabela 3.

Quadro 3 Frequência de surtos em diferentes distritos

Número de surtos	0	1	2	3	4	5	6	8	9	17	18	19	Total
Nº de distritos	26	12	8	5	2	3	1	3	4	3	2	1	70

Table 3:

O número de surtos variou de 1-19 em diferentes distritos. O número mais elevado de focos em Kanchanpur pode dever-se à presença de um parque selvagem neste distrito, habitat adequado para a vida selvagem e reservatório do vírus da raiva. Entretanto, o grande número de gado e de cães vadios neste distrito pode ser a causa do maior número de surtos.

4.1.4. Casos de raiva confirmados em laboratório em diferentes distritos do Nepal

Durante 2010-2012, 183 amostras foram recolhidas e testadas em laboratório através da realização de RADT e FAT. Das 183 amostras testadas recolhidas em 13 distritos, 109 amostras foram consideradas positivas para o antigénio da raiva. A distribuição da raiva foi confirmada em Dhading, Makwanpur, Kaski, Baglung, Kathmandu, Rupendehi, Chitawn, Sarlahi, Lalitpur, Kalikot, Surkhet, Bhaktapur e Ramechhap através de testes laboratoriais. O número de amostras positivas foi mais elevado (68) em Katmandu e o mais baixo (1) em Chitawn, Sarlahi e Ramechap, como mencionado no quadro 4.

Quadro 4: Casos de raiva confirmados laboratorialmente em diferentes distritos

S.N.	Nome do distrito	Total de casos confirmados
1	Dhading	2
2	Makawanpur	2
3	Kaski	21
4	Baglung	1
5	Kathmandu	68
6	Rupandehi	2
7	Chitwan	1
8	Sarlahi	1
9	Lalitpur	3
10	Kalikot	1
11	Surkhet	3
12	Bhaktapur	3
13	Ramechhap	1

A prevalência da raiva foi detectada em 44 distritos, mas a confirmação laboratorial só foi confirmada em 13 distritos. O número de casos confirmados foi mais elevado em Katmandu devido à facilidade de transporte de amostras clínicas e à sensibilização da população.

4.1.5. Casos de raiva confirmados laboratorialmente em diferentes animais.

Durante o período de estudo, de 2010 a 2012, foram colhidas 183 amostras de cães, cabras, búfalos, bovinos, gatos, porcos, alpacas, ratos, morcegos, coelhos e mangustos, testadas por RADT e FAT. As amostras de cérebro colhidas de cães, cabras, búfalos, bovinos, alpacas e mangustos foram positivas em testes laboratoriais, ao passo que as amostras colhidas de gatos, porcos, ratos, morcegos e coelhos foram negativas, embora tenha sido detectada uma prevalência em suínos no inquérito (quadro 1). O número de amostras positivas foi mais elevado nos cães ((79) e o mais baixo (1) no mangusto e na alpaca, como indicado no quadro 5. Uma amostra de mangusto foi colhida em Pokhara após o surto de raiva. A amostra de alpaca foi colhida em Katmandu, onde apenas um animal foi afetado e morreu.

Quadro 5: Casos de raiva confirmados laboratorialmente em diferentes animais

Espécies	Total Testado	Total Positivo	Percentagem positiva
Cão	128	79	61.7

Cabra	15	12	80.0
Búfalo	11	6	54.5
Gado	14	10	71.4
Gato	4	0	0.0
Porco	2	0	0.0
Alpaka	1	1	100.0
Rato	3	0	0.0
Morcego	2	0	0.0
Coelho	1	0	0.0
Mangusto	2	1	50.0
Total	183	109	59.6

O antigénio viral da raiva não foi detectado em amostras recolhidas de morcego, gato, rato e coelho, o que pode dever-se ao número limitado de amostras recolhidas. Até à data, a raiva não foi detectada em morcegos no Sudeste Asiático, mas estes são vectores comuns do vírus da raiva na Europa (Schatz *et al.,* 2013). Por conseguinte, o resultado negativo do teste da raiva em morcegos não é surpreendente, mas o tamanho da amostra deve ser adequado para o justificar. De acordo com o exame laboratorial das amostras recolhidas, a raiva foi confirmada em bovinos, búfalos, cabras, cães, alpacas e mangustos no Nepal. O maior número de casos foi detectado em cães e o menor número de casos em mangustos, o que sugere que o cão é o principal vetor e reservatório da raiva no Nepal (OMS, 2010). Não existe qualquer correlação entre os resultados laboratoriais e os dados epidemiológicos. No entanto, a prevalência da raiva foi cientificamente justificada em bovinos, búfalos, caprinos e cães no Nepal através de um inquérito epidemiológico e de confirmação laboratorial. Não foi possível recolher, tabular e analisar informações epidemiológicas sobre a raiva do mangusto e da alpaca devido ao número limitado de casos. Não foi possível recolher e enviar ao CVL amostras clínicas de todos os animais infectados ou mortos, abrangendo todos os distritos, devido à limitação de recursos, à dificuldade de transporte das amostras, ao perigo para o público e à falta de informação e de sensibilização do público. A prevalência da raiva em diferentes animais hospedeiros, estações do ano e locais poderia ser mais específica se um número significativo de amostras clínicas e informações epidemiológicas tivesse sido recolhido pelo programa nacional de vigilância da raiva planeado no país. Não estavam disponíveis amostras de raiva humana porque o diagnóstico se baseia nos sintomas clínicos e na história da mordedura. O diagnóstico laboratorial de casos de raiva humana é limitado no Nepal, pelo que a epidemiologia da raiva humana é inexistente e os casos humanos são subnotificados.

4.1.6. Papel do animal na transmissão da raiva

Os resultados do estudo revelaram que o cão desempenha um papel importante na transmissão da raiva, contribuindo com 92,2% do risco de transmissão, conforme ilustrado no quadro 6. Outros animais, como o gato, o macaco, o chacal e o mangusto, tiveram um papel de 7,8% na transmissão da raiva.

Tabela 6: Papel do animal na transmissão da raiva

Animal	Cães	Macaco	Gato	Outros
% de transmissão	92.2	4.5	1.36	1.94

O cão foi considerado o principal reservatório e vetor, contribuindo com 92,2% para a transmissão da raiva no Nepal. Na China, mais de 95% dos casos humanos ocorreram devido a mordedura de cão (Tu, 2011). Do mesmo modo, na Índia, o cão (97%) é o principal vetor, seguido do gato (2%) (Rahman, 2011). Outros animais, como o gato, o macaco, o chacal e o mangusto, têm um papel menor na transmissão.

4.1.7. Virulência do vírus da raiva selvagem (NIH) do Nepal

A virulência do vírus da raiva do Nepal foi testada através da realização do teste NIH em 25 ratos. No total, foram utilizados 25 ratos e 0,03 ml de cada diluição da suspensão de cérebro de cão foram injectados em 5 ratos por via intra-cerebral. Os sinais clínicos apareceram no dia 9th do desafio. Três ratinhos tiveram morte acidental logo após a injeção. Quatro ratinhos com a diluição 1:10000 sobreviveram bem até ao 28th dia do desafio, conforme apresentado na tabela 7. Os restantes 18 ratinhos dos diferentes grupos de diluição morreram entre 11-16th dias após a exposição. O LD 50 do vírus da raiva do campo do Nepal foi de $10^{3.5}$ /0,03ml. O vírus da raiva foi considerado mais patogénico quando injetado por via IC em ratos, ao passo que menos patogénico quando injetado por via IM a 10^5 a 10^7 / LD 50 foram mais patogénicos (Badrane *et al.,* 2001). A virulência do vírus selvagem em termos de LD 50 foi medida pela primeira vez no Nepal. Não foi possível efetuar o LD 50 de outras amostras representativas de diferentes clados existentes devido à indisponibilidade de ratos e de instalações laboratoriais.

Quadro 7: Virulência do vírus da raiva selvagem do Nepal

Dil	DS	0	1	2	3	4	5	6	7	8	9	10	11	12	13	14	15	16	17	18	19	20	21	22	23	24	25	26	27	28
1:1	1	-	-	-	-	-	-	-	-	-	=	++	D																	
	2	-	-	-	-	-	-	-	-	-	=	++	D																	
	3	-	-	-	-	-	-	-	-	-	=	++	+++	D																
	4	-	-	-	-	-	-	-	-	-	=	++	+++	D																
	5	-	-	-	-	-	-	-	-	-	-	±	++	D																
1:10	6	-	-	-	-	-	-	-	-	-	-	±	+++	D																
	7	-	-	-	-	-	-	-	-	-	-	-	+++	D																
	8	-	-	-	-	-	-	-	-	-	-	-	++	±	D															
	9	-	-	-	-	-	-	-	-	-	-	-	±	±	++	D														
	10	-	-	-	-	-	-	-	-	-	-	-	-	+	++	D														
1:100	11	d																												
	12	d																												
	13		-	-	-	-	-	-	-	-	=	++	+++	+++	D															
	14		-	-	-	-	-	-	-	-	-	±	++	+++	D															
	15		-	-	-	-	-	-	-	-	-	-	-	-	++	D														
1:1000	16	d																												
	17		-	-	-	-	-	-	-	-	-	-	-	+	++	+++	D													
	18		-	-	-	-	-	-	-	-	-	-	±	++	D															
	19		-	-	-	-	-	-	-	-	-	-	-	-	±	+++	D													
	20		-	-	-	-	-	-	-	-	-	-	-	-	-	++	+++	D												
1:10000	21		-	-	-	-	-	-	-	-	-	-	-	-	-	±	+++	D												
	22		-	-	-	-	-	-	-	-	-	-	-	-	-	±	-	-	-	-	-	-	-	-	-	-	-	-	-	-
	23		-	-	-	-	-	-	-	-	-	-	-	-	-	-	-	-	-	-	-	-	-	-	-	-	-	-	-	-
	24		-	-	-	-	-	-	-	-	-	-	-	-	-	-	-	-	-	-	-	-	-	-	-	-	-	-	-	-
	25		-	-	-	-	-	-	-	-	-	-	-	-	-	-	-	-	-	-	-	-	-	-	-	-	-	-	-	-

Abb. d = Morte acidental, - = Negativa ou normal, + = Grau de doença ou paralisia, D = Morte por doença

4.1.8. Isolamento do vírus em cultura de células

O efeito citopático na célula foi claramente observado após 4th dias de inoculação do vírus, que foi detectado na célula após FAT ao microscópio. Uma cor verde-maçã clara apareceu na célula, evidenciando o crescimento do vírus. O isolado do vírus de campo foi armazenado a -80^0 C. Pela primeira vez, o vírus da raiva de campo do Nepal foi isolado numa cultura celular.

4.2. Caracterização molecular

Um número total de 33 amostras testadas foi submetido a caraterização molecular e análise filogenética. Das 33, 28 estirpes de vírus de campo do Nepal e um fluido de vírus foram considerados positivos no teste rápido de deteção de antigénio, no teste de anticorpos fluorescentes, na inoculação em ratos, no isolamento do vírus em cultura celular, na técnica de reação em cadeia da polimerase e na PCR em tempo real. Quatro amostras negativas que foram testadas com RADT, FAT e MIT no CVL foram também confirmadas negativas em cultura de células e RT-PCR no laboratório de referência. O comprimento do produto de PCR foi de 845 pb. O valor ct do produto da PCR foi superior a 32 na PCR em tempo real. Das 28 amostras cerebrais positivas, o ARN foi extraído e detectado apenas em 24 amostras. Não foi possível detetar o ARN de 4 amostras clínicas, o que poderá dever-se à menor quantidade e à má qualidade das amostras.

Os genes N e G completos foram sequenciados para todas as 24 novas estirpes nepalesas e depois comparados com sequências publicamente disponíveis representativas da diversidade genética global do RABV (137 sequências de genes N e 56 de genes G, respetivamente). Foi também incluída uma estirpe vacinal utilizada no Nepal. Em particular, os seis principais filoclados da raiva canina previamente definidos (subcontinente indiano, asiático, África 2, África 3, cosmopolita e clados relacionados com o Ártico) e as suas topologias filogenéticas foram conservados (Bourhy *et al.*, 2008). As duas outras subclasses são representadas pela subclasse Arctic-like 1 (AL-1), dividida nas linhagens AL-1a e AL-1b, e a subclasse Arctic-like 2 (AL-2) (Mansfield *et al.*, 2006). Além disso, este estudo demonstrou a existência de um quarto filogrupo, designado subclado Arctic-like 3 (AL-3), conforme apresentado no quadro 8.

Quadro 8: Descrição da amostra e resultado do teste dos laboratórios

Em série Não.	Amostra Código Não	Espécies	Data de coleção	Local de recolha	Nome do laboratório		Nome do isolado (Resultado do teste)
01	03	Búfalo	11-07-2003	Pokhara	PIO		*Subcontinente indiano*
02	02	Humano	30-07-2003	Lalitpur	PIO	AAHL	Relacionado com o Ártico
03	01	Cão	08-09-2008	Kathmandu	PIO		Relacionado com o Ártico
04	14	Cão	02-11-2008	Kathmandu		AAHL	*Subcontinente indiano*
05	15	Cão	23-12-2008	Kathmandu		AAHL	Não detectado
06	16	Cão	20-02-2009	Dhading		AAHL	Relacionado com o Ártico
07	05	Vaca	28-05-2009	Pokhara	PIO	AAHL	Subcontinente indiano

08	17	Cão	09-11-2009	Pokhara		AAHL	*Subcontinente indiano*
09		Célula Vero	12-11-2009	Kathmandu		AAHL	Cosmopolita
10	(a)	Bezerro	12-11-2009	Lalitpur	PIO		Subcontinente indiano
11	19	Cão	13-11-2009	Lalitpur		AAHL	Relacionado com o Ártico
12	06	Cão	04-02-1010	Bhakatapur		AAHL	Relacionado com o Ártico
13	11	Cão	07-02-2010	Kathmandu		AAHL	Não detectado
14	10	Gado	25-02-2010	Pokhara	PIO	AAHL	Relacionado com o Ártico
15	02	Cão	26-02-2010	Patan		AAHL	Não detectado
16	01	Cão	04-03-2010	Bhaktapur		AAHL	Não detectado
17	03	Cão	11-04-2010	Kathmandu,	PIO	AAHL	Relacionado com o Ártico
18	04	Cão	21-04-2010	Kathmandu		AAHL	Relacionado com o Ártico
19	09	Mangusto	20-05-2010	Pohhara		AAHL	Relacionado com o Ártico
20	07	Cabra	03-06-2010	Tanahu	PIO	AAHL	Relacionado com o Ártico
21	08	Cabra	16-06-2010	Pokhara	PIO	AAHL	Relacionado com o Ártico

22	12	Cabra	27-06-2010	Bhaktapur	PIO	AAHL	Relacionado com o Ártico
23	15	Cão	23-08-2010	Kathmandu	PIO	AAHL	Relacionado com o Ártico
24	14	Cabra	28-08-2010	Makwanpur	PIO	AAHL	Relacionado com o Ártico
25	13	Cão	03-09-2010	Kathmandu		AAHL	Relacionado com o Ártico
26	18	Morcego	21-09-2010	Pokhara (N)	PIO		Negativo
27	19	Cão	28-09-2010	Kathmandu (N)	PIO		Negativo
28	20	Cão	29-09-2010	Kathmandu (N)	PIO		Negativo
29	16	Cão	30-09-2010	Kathmandu	PIO	AAHL	Relacionado com o Ártico
30	22	Cão	24-11-2010	Ramechhap	PIO		Negativo
31	23	Cão	02-01-2011	Kathmandu	PIO		Relacionadas com o Ártico
32	24	Cão	24-01-2011	Kathmandu	PIO		Relacionado com o Ártico
33	25	Cão	05-02-2011	Kathmandu	PIO		Relacionado com o Ártico

Abb. IOP = Instituto de Pastagens, França, AAHL = Laboratório Australiano de Saúde Animal, Austrália

Todos os 24 espécimes recentemente sequenciados do Nepal foram agrupados em dois dos 6 principais policlados de raiva canina previamente definidos como subcontinente indiano, relacionado com o Ártico, asiático, África 2, África 3 e cosmopolita (Bourhy *et al.*, 2008). Cinco isolados (4403-14, 4403-17, 3878-73, 09029NEP e 11001NEP) agruparam-se no clado do subcontinente indiano, anteriormente ocupado apenas por vírus do Sri Lanka e da Índia (principalmente das regiões meridionais para este último) (Nadin *et al.*, 2007; Arai *et al.*, 2001). Dentro deste clado, os vírus agruparam-se com uma estrutura espacial claramente separada de acordo com a sua origem geográfica. Os outros 19 espécimes agruparam-se no clado relacionado com o Ártico, confirmando a presença deste clado no Nepal (Nadin *et al.*, 2012 & Bourhy *et al.*, 2008). Dois destes vírus (3878-9 e 3878-78 recolhidos em 2010) foram agrupados na linhagem AL-1a, com vírus da

Índia. Sem uma maior representação, não se sabe se a AL-1a é também uma linhagem estabelecida e estável no Nepal, embora os vírus AL-1a estejam presentes na vizinha Índia pelo menos desde 1988 e representem o principal filogrupo em circulação (Nadin *et al.*, 2012). Foi recentemente demonstrado que os isolados da raiva que circulam no Butão e no Bangladesh pertenciam provavelmente a esta linhagem, formando dois filogrupos monofiléticos distintos mas estreitamente relacionados (Jamil *et al.*, 2012; Tenzin *et al.*, 2011). Os restantes isolados (n=17) formaram um grupo monofilético novo e fortemente apoiado, que foi designado como subclado Arcticlike 3 (AL-3). Estes isolados tinham 99-100% de semelhança de sequência de nucleótidos entre si e com o isolado 9901NEP, um vírus que foi isolado no Nepal a partir de um cão em 1998 (Bourhy *et* al., 2008). Os isolados da subclasse AL-3 apresentaram 94-95% e apenas 86-87% de semelhanças de sequência de nucleótidos entre si, em comparação com os vírus nepaleses da subclasse AL-1a e da clade do subcontinente indiano, respetivamente. Verificou-se que um único isolado de RABV do Irão (V704IRN) (Nadin *et al.*, 2003) era o único representante não nepalês do AL-3 previamente sequenciado. Este vírus tinha 95% de semelhança de sequência de nucleótidos entre pares com os vírus do Nepal, o que sugere um agrupamento geográfico.

A estirpe de referência da vacina (4403-12) utilizada no Nepal foi considerada historicamente originária do Instituto Pasteur, Paris, agrupada com outros vírus vacinais no clado Cosmopolitan. Esta estirpe vacinal tinha 97% de semelhança da sequência proteica com a nucleoproteína do vírus do Nepal nos clados Arcic-like e do subcontinente indiano, enquanto a glicoproteína da estirpe vacinal tinha 91-925 semelhanças com o vírus do Nepal. No entanto, a proteção cruzada de isolados pertencentes ao RABV no género Lyssavirus é bastante ampla e os estudos mostraram que as vacinas candidatas suscitam imunidade a muitas estirpes vacinais variadas (Brookes *et al.*, 2005; Lodmell *et al.*, 1995). As árvores filogenéticas NJ e ML das sequências completas do gene G confirmaram os resultados obtidos com o gene N. Apesar do tamanho mais pequeno da amostra do gene G, foram encontradas topologias semelhantes, indicando que a distribuição do RABV do Nepal nos clados do subcontinente indiano (n=5) e relacionado com o Ártico (n=19) é definida de forma equivalente com um forte apoio de bootstrap pelas filogenias dos genes N e G. Os padrões de agrupamento do RABV não nepalês também foram semelhantes entre as árvores de genes N e G. As sequências de glicoproteínas traduzidas mostraram que os vírus AL-3 do Nepal tinham 99-100% de semelhança de sequência de aminoácidos entre si, 97-98% de semelhança de sequência com os vírus nepaleses de AL-1a e 94% de semelhança de sequência com os vírus nepaleses do clado do subcontinente indiano. Quanto ao gene N, foram identificadas posições de diferenças distintas de aminoácidos entre o subcontinente indiano e os filogrupos do gene G relacionados com o Ártico. A posição dos diferentes aminoácidos do gene N era 60-407 e a do gene G 83-487.

Os espécimes nepaleses de RABV recebidos para este estudo foram colhidos em sete distritos do Nepal, durante o período de 2003-2011 (Quadro 8), embora não tenha sido evidente qualquer correlação entre a origem do distrito geográfico e o hospedeiro dos isolados e a designação do clado. De facto, os cinco vírus que se agrupam no clado do subcontinente indiano foram colhidos em cães (n=3), bovinos (n=1) e búfalos (n=1) e eram originários da região de Pokhara, no distrito de Kaski, bem como dos distritos de Katmandu e Lalitpur, a cerca de 200 km por estrada, mais a sudeste. Dois isolados (cão e cabra) agrupados na linhagem AL-1a eram originários da região de Katmandu e Makwanpur. Os restantes 17 VRAI nepaleses pertencentes à subclasse AL-3, que representavam a maior parte dos VRAI recentemente isolados no Nepal, foram recuperados em seis distritos, Katmandu, Kaski, Dhading, Lalitpur, Bhaktapur e Tanahu, o que indica uma distribuição dispersa destes VRAI no país. Os hospedeiros envolvidos incluíam seres humanos, cães, mangustos, cabras e bovinos. As sequências de RABV provenientes de 24 amostras clínicas colhidas no Nepal foram também submetidas ao banco de genes (Pant *et al.*, 2013).

Amostra n.o 1: Isolado 4403-12, **Tipo de amostra** Vacina, **Espécie** Células Vero, **Origem** Instituto de Pasteur, Data **de colheita** 12.11.2009

N- gene, nt 1350:

ATGGATGCCGACAAGATTGTATTCAAAGTCAATAATCAGGTGGTCTCTTTGAAGCCTGAGATTATCGTGGATC
AATATGAGTACAAGTACCCTGCCATCAAAGATTTGAAAAAGCCCTGTATAACTCTAGGAAAGGCTCCCGATTT
AAATAAAGCATACAAGTCAGTTTTATCATGCATGAGCGCCGCCAAACTTGATCCTGACGATGTATGTTCCTATT
TGGCAGCGGCAATGCAGTTTTTTGAGGGGACATGTCCGGAAGACTGGACCAGCTATGGAATCTTGATTGCACG
AAAAGGAGATAAGATCACCCCAGGTTCTCTGGTGGAGATAAAACGTACTGATGTAGAAGGGAATTGGGCTCT
GACAGGAGGCATGGAACTGACAAGAGACCCCACTGTCCCTGAGCATGCGTCCTTAGTCGGTCTTCTCTTGAGT
CTGTATAGGTTGAGCAAAATATCCGGGCAAAACACTGGTAACTATAAGACAAACATTGCAGACAGGATAGAG
CAGATTTTTGAGACAGCCCCTTTTGTTAAAATCGTGGAACACCATACTCTAATGACAACTCACAAAATGTGTGC
TAATTGGAGTACTATACCAAACTTCAGATTTTTGGCCGGAACCTATGACATGTTTTTCTCCCGGATTGAGCATC
TATATTCAGCAATCAGAGTGGGCACAGTTGTCACTGCTTATGAAGACTGTTCAGGACTGGTGTCATTTACTGGG
TTCATAAAACAAATCAATCTCACCGCTAGAGAGGCAATACTATATTTCTTCCACAAGAACTTTGAGGAAGAGA
TAAGAAGAATGTTTGAGCCAGGGCAGGAGACAGCTGTTCCTCACTCTTATTTCATCCACTTCCGTTCACTAGGC
TTGAGTGGGAAATCTCCTTATTCATCAAATGCTGTTGGTCACGTGTTCAATCTCATTCACTTTGTAGGATGCTAT
ATGGGTCAAGTCAGATCCCTAAATGCAACGGTTATTGCTGCATGTGCTCCTCATGAAATGTCTGTTCTAGGGGG
CTATCTGGGAGAGGAATTCTTCGGGAAAGGGACATTTGAAAGAAGATTCTTCAGAGATGAGAAAGAACTTCA
AGAATACGAGGCGGCTGAACTGACAAAGACTGACGTAGCACTGGCAGATGATGGAACTGTCAACTCTGACGA
CGAGGACTACTTCTCAGGTGAAACCAGAAGTCCGGAAGCTGTTTATACTCGAATCATAATGAATGGAGGTCGA
CTGAAGAGATCGCACATACGGAGATATGTCTCAGTCAGTTCCAATCATCAAGCTCGTCCAAACTCATTCGCCG
AGTTTCTAAACAAGACATATTCGAGTGACTCA

G- gene, nt 1575:

ATGGTTCCTCAGGCTCTCCTGTTTGTACCCCTTCTGGTTTTTCCATTGTGTTTTGGGAAATTCCCTATTTACACGA
TACCAGACAAGCTTGGTCCCTGGAGCCCGATTGACATACATCACCTCAGCTGCCCAAACAATTTGGTAGTGGA
GGACGAAGGATGCACCAACCTGTCAGGGTTCTCCTACATGGAACTTAAAGTTGGATACATCTCAGCCATAAAA
ATGAACGGGTTCACTTGCACAGGCGTTGTGACGGAGGCTGAAACCTACACTAACTTCGTTGGTTATGTCACAA
CCACGTTCAAAAGAAAGCATTTCCGCCCAACACCAGATGCATGTAGAGCCGCGTACAACTGGAAGATGGCCG
GTGACCCCAGATATGAAGAGTCTCTACACAATCCGTACCCTGACTACCACTGGCTTCGAACTGTAAAAACCAC
CAAGGAGTCTCTCGTTATCATATCTCCAAGTGTGGCAGATTTGGACCCATATGACAGATCCCTTCACTCGAGGG
TCTTCCCTGGCGGGAATTGCTCAGGAGTAGCGGTGTCTTCTACCTACTGCTCCACTAACCACGATTACACCATT
TGGATGCCCGAGAATCCGAGACTAGGGATGTCTTGTGACATTTTTACCAATAGTAGAGGGAAGAGAGCATCCA
AAGGGAGTGAGACTTGCGGCTTTGTAGATGAAAGAGGCCTATATAAGTCTTTAAAAGGAGCATGCAAACTCAA
GTTATGTGGAGTTCTCGGACTTAGACTTATGGATGGAACATGGGTCGCGATGCAAACATCAAATGAAACCAAA
TGGTGCCCTCCCGGTCAGTTGGTGAATTTGCACGACTTTCGCTCAGACGAAATTGAGCACCTTGTTGTAGAGGA
GTTGGTCAAGAAGAGAGAGGAGTGTCTGGATGCACTAGAGTCCATCATGACCACCAAGTCAGTGAGTTTCAGA
CGTCTCAGTCATTTAAGAAAACTTGTCCCTGGGTTTGGAAAAGCATATACCATATTCAACAAGACCTTGATGGA
AGCCGATGCTCACTACAAGTCAGTCAGAACTTGGAATGAGATCATCCCTTCAAAAGGGTGTTTAAGAGTTGGG
GGGAGGTGTCATCCTCATGTAAACGGGGTATTTTTCAATGGTATAATATTAGGACCTGACGGCAATGTCTTAAT
CCCAGAGATGCAATCATCCCTCCTCCAGCAACATATGGAGTTGTTGGTATCCTCGGTTATCCCCCTTATGCACC
CCCTGGCAGACCCGTCTACCGTTTTCAAGAACGGTGACGAGGCTGAGGATTTTGTTGAAGTTCACCTTCCCGAT
GTGCACGAACGGATCTCAGGAGTTGACTTGGGTCTCCCGAACTGGGGGAAGTATGTATTACTGAGTGCAGGGG
CCCTGACTGCCTTGATGTTGATAATTTTCCTGATGACATGCTGGAGAAGAGTCAATCGATCGGAACCTACACAA
CACAATCTCAGAGGGACAGGGAGGGAGGTGTCAGTCACTCCCCAAAGCGGGAAGATCATATCTTCATGGGAA
TCATACAAGAGCGGGGGTGAGACCGGACTGTGA

Figura 1: Análise da sequência do vírus da raiva

Amostra n.o 2: Isolado 4403-13, Tipo de amostra Cérebro, Espécie Humana, Origem Lalitpur, Data de colheita 30.07.2003N-gene, nt 1350: (AL 3)

ATGGATGCCGACAAGATTGTATTCAAAGTCAATAATCAGGTGGTCTCTTTGAAGCCTGAGATTATCGTGGATC
AATATGAGTACAAGTACCCTGCTATCAAGGACTTGAAGAAGCCCAGTATCACCCTAGGGAAAGCCCCCGATTT
GAACAAGGCATACAAGTCAGTCTTATCAGGTTTGAATGCTGCCAAGCTTGATCCTGATGATGTATGTTCCTACT
TGGCAGCTGCGATGCAGTTCTTCGAGGGGACATGTCCTGAAGACTGGACCAGCTATGGGATCTTGATTGCACG
AAAAGGAGATAAGATCACCCCGGATTCTCTTGTGGAGATAAAGCGTACTGATGTAGAAGGGAATTGGGCTTTG
ACGGGGGGGATGGAACTGACGAGGGACCCCACTGTTCCTGAGCATGCGTCTTTAGTCGGTCTTCTCTTGAGTCT
GTATAGGCTGAGCAAGATATCTGGGCAAAACACCGGTAACTATAAAACAAATATTGCAGATAGGATAGAGCA
GATTTTCGAGACAGCCCCTTTTATTAAAATCGTAGAACACCATACTCTAATGACAACTCACAAGATGTGTGCCA
ATTGGAGTACGATACCAAACTTCAGATTCTTGGCAGGGACCTACGACATGTTTTTCTCTCGGATTGAGCACCTG
TATTCAGCGATTAGAGTAGGCACAGTAGTCACTGCTTATGAGGACTGCTCGGGGCTGGTGTCGTTTACTGGGTT
CATAAAACAGATAAATCTCACTGCAAGGGAAGCAATACTGTATTTCTTCCACAAGAACTTCGAGGAAGAAATA
AGAAGAATGTTTGAGCCAGGGCAAGAGACAGCTGTTCCTCACTCCTATTTCATTCACTTCCGTTCACTGGGCTT
GAGTGGAAAGTCCCCTTATTCATCAAATGCAGTTGGTCATGTGTTCAATCTCATTCACTTTGTTGGATGTTATAT
GGGGCAAGTAAGGTCTCTGAATGCAACGGTCATTGCTGGATGTGCTCCTCATGAGATGTCTGTCTTAGGGGGC
TATTTGGGGGAGGAGTTTTTTGGGAAGGGAACGTTCGAAAGAAGATTCTTCAGAGACGAAAAAGAGCTCCAG
GAATATGAGACGGCTGAATTGACAAAGACTGACGTGGCGCTGGCAGATGATGGAACTGTCAATTCGGATGAT
GAGGACTACTTCTCCGGTGAAACCAGAAGCCCCGAAGCTGTTTATGCCCGAATCATGATGAACGGAGGCCGAC
TAAAGAGATCGCACATACGGAGATATGTTTCTGTCAGCTCCAATCACCAGGCTCGTCCGAACTCATTTGCCGA
GTTTCTAAACAAGACGTATTCCAGTGATTCA

G-gene, nt 1575:

ATGGTTCCTCAGGTTCTTTGGTTTGTACCCCTTCTGGTTTTCTCAATGTGTTTCGGAAAGTTCCCTATCTACACG
ATACCAGACAAACTTGGTCCCTGGAGCCCGATTGACATACATCATCTCAGCTGTCCAAACAACCTGGTTGTAG
AAGATGAAGGATGTACCAACTTGTCGGGTTTCTCCTACATGGAACTTAAGGTGGGATACATTTCAGCCATAAA
AGTAAATGGGTTCACGTGCACAGGTGTGGTGACAGAGGCAGAGACTTACACTAACTTTGTTGGTTATGTTACC
ACCACGTTCAAAAGAAAGCATTTTCGCCCAACACCAGATGCATGTCGAGCTGCTTACAACTGGAAGATGGCCG
GTGACCCCAGATATGAAGAATCTCTGCACAATCCGTACCCTGACTACCACTGGCTTCGAACCGTCAAAACCAC
AAAGGAGTCCCTCGTCATCATATCCCCAAGTGTAGCGGACCTGGACCCATATGACAAATCCCTTCACTCGAGG
GTCTTTCCTAGCGGGAAGTGCTCGGGGATAACAATATCATCTACCTACTGCTCTACTAACCATGATTACACAAT
CTGGATGCCCGAGAATCCGAGACTGGGGACATCTTGTGACATCTTTACCAACAGTAGAGGGAAGAGAGCATCC
AAAGGGAGCAAAACTTGCGGATTTGTTGATGAAAGAGGCTTGTATAAGTCTTTGAAAGGGGCATGCAAGCTCA
AGTTGTGTGGGGTTCTTGGCCTTAGACTTATGGATGGAACATGGGTCGCGATGCAAACATCGGACGAGACCAA
GTGGTGTCCCCCTGATCAGTTGGTAAATCTACATGACTTTCGCTCGGACGAGATCGAACATCTCGTTGTAGAGG
AGTTGGTCAAGAAAAGAGAGGAGTGTCTGGATGCACTAGAGTCTATCATGACCACCAAGTCGGTGAGTTTCAG
ACGTCTCAGCCACTTGAGAAAACTTGTCCCTGGGTTCGGAAAAGCATACACCATATTCAACAAAACCCTGATG
GAAGCAGATGCTCACTACAAGTCAGTCAGAACCTGGAATGAGATCATCCCCTCCAAGGGGTGTTTGAGAGTTG
GAGGGAGGTGTCATCCTCACGTGAACGGGGTGTTTTTCAACGGTATAATACTGGGTCCTGATGGCCATGTTCTC
ATCCCAGAGATGCAATCATCCCTCCTTCAGCAGCATATGGAGTTGTTGGAATCCTCAGTTATCCCTCTGATGCA
CCCTTTAGCAGACCCGTCTACAGTTTTCAAGGACGGCGATGAAGCAGAGGATTTTGTCGAGGTTCACCTTCCCG
ATGTACACAAACAAATCTCAGGTGTTGACCTGGGTCTCCCTAACTGGGGAAAGTATGTTTTGGTGAGTGCAGG
GGTCTTGGTTGTCCTGATGTTGGCAATTTTCATAATGACATGTTGCGGAAGAGTAAATCGACCCAAGTCTACAC
AACACAGTCTCGAAGGTACAGGGAGGAAGGTGTCGGTCACTTCCCAGAGCGGGAAGGTCATATCTTCATGGG
AGTCATATAAGAGCGGGGGTGAGACCAGACTGTGA

Figura 2: Análise da sequência do vírus da raiva

Amostra n.o 3: Isolado 4403-14, Tipo de amostra Cérebro, Espécie Cão, Origem Katmandu, Data de colheita 2/11/2008N-gene, nt 1350:

ATGGATGCCGACAAGATTGTATTCAAAGTTAATAATCAGGTGGTCTCCTTGAAGCCCGAGATCATTGTAGATC
AGTATGAGTACAAATACCCAGCCATCAAAGACCTGAAGAAACCCAGCATAACCCTAGGGAAGGCTCCTGACTT
AAACAAAGCATACAAATCTGTTTTGTCGGGCATGAATGCTGCCAAGCTTGACCCTGATGATGTGTGCTCCTATT
TAGCAGCTGCAATGCAATTTTTCGAGGGATCCTGTCCTGAGGACTGGACTAGCTATGGAATACTGATCGCACG
GAAAGGGGACAAGATCACTCCAGATTCTCTCGTAGATATAAAGCGTACTGATGTAGAGGGGAATTGGGCCCTG
ACCGGAGGAATGGAGTTAACGAGGGACCCCACTGTTTCTGAGCATGCATCTCTAGTCGGTCTTCTCTTGAGTCT
GTATCGGTTGAGCAAAATATCGGGGCAAAACACCGGTAATTACAAGACAAACATTGCAGATAGGATAGAGCA
GATTTTTGAGACAGCCCCTTTTGTCAAGATTGTGGAACACCATACTTTGATGACAACTCACAAGATGTGTGCTA
ATTGGAGTACCATACCGAACTTCAGATTCTTAGCTGGAACATACGACATGTTTTTCTCCCGGATTGAGCATCTG
TATTCAGCAATTCGAGTAGGCACAGTTGTTACTGCTTATGAGGACTGCTCAGGGCTGGTGTCGTTTACAGGGTT
CATAAAGCAAATAAATCTTACTGCAAGAGAAGCGATACTGTATTTCTTCCACAAGAACTTTGAGGAGGAGATA
AGGAGAATGTTTGAGCCAGGTCAGGAGACAGCCGTTCCTCATTCCTATTTCATTCACTTTCGTTCATTGGGCCT
AAGCGGTAAGTCCCCGTATTCATCAAATGCAGTCGGCCACGTGTTCAATCTCATCCACTTTGTTGGATGTTATA
TGGGTCAAGTCAGATCTCTTAATGCAACGGTTATTGCTGCGTGTGCCCCTCATGAGATGTCTGTTCTCGGGGGA
TATCTAGGAGAAGAGTTTTTTGGAAAGGGGACATTTGAGAGAAGATTCTTCAGAGATGAGAAAGAACTTCAAG
AATACGAGGCGGCTGAACTGACGAAGACTGACATTGCGTTGGCTGATGACGGAACCGTCAATTCTGATGACGA
GGATTACTTCTCAGGTGAAACCAGGAGTCCTGAAGCTGTTTATACTCGAATCATGATGAACGGAGGTCGATTG
AAAAGATCACACATAAGGAGGTATGTTTCAGTCAGTTCCAATCATCAAGCTCGCCCAAACTCATTCGCAGAGT
TTCTCAACAAGACGTATTCTAGTGACTCA

G-gene, nt 1575:

ATGGTCCATCAGGTTCTCTTGTTTGTGCCCCTTCTAGTGTTCTCACTGTGTTTCGGGAAGTTCCCCATCTACACG
ATACCAGACAAGCTTGGTCCCTGGAGTCCCATTGACATACATCATCTCAGCTGTCCAAACAATTTGGTTGTAGA
GGATGAAGGATGCACCAATCTGTCAGGATTCTCCTACATGGAACTTAAAGTGGGATACATCTCAGCCATAAAA
GTGAATGGCTTTACTTGTACAGGCGTGGTTACAGAGGCAGAGACTTACACTAACTTCGTTGGTTATGTCACTAC
CACGTTTAGAAGAAAGCACTTCCGCCCAACACCTGACGCGTGTAGAGCAGCATACAACTGGAAACTGGCCGGC
GACCCCAGATATGAAGAGTCCCTACACAATCCATACCCTGATTACCATTGGCTTCGGACTGTGAAAACTACCA
AGGAGTCTCTCGTCATAATATCCCCGAGTGTGGCAGATCTAGATCCCTATGACAAATCCCTTCACTCGAGAGTT
TTTCCCGGCGGAAAGTGCTCCGGGATAACAGTATCTTCCACTTACTGCTCTACTAACCATGATTACACCATCTG
GATGCCTGAAAATCCGAGACTAGGGACATCTTGTGACATCTTCGTCAACAGCAGGGGGAAGAGGGCGTCTAA
GGGAGGCAAGACCTGTGGGTTTGTAGATGAGAGAGGCTTGTATAAGTCACTAAAGGGAGCTTGCAAACTCAA
ATTGTGTGGGGTGCCCGGACTGAGACTTATGGATGGAACGTGGGCTGCGATTCAAACGTCGGATGAGACCAAA
TGGTGCCCCCCTGATCAGTTAGTAAATCTACATGATTATCGCTCAGATGAAATCGAACATCTAGTCGTGGAAG
AACTGGTCAAGAAAAGAGAGGAGTGCTTAGATGCACTGGAATCCATCATGACTACCAAGTCAGTAAGCTTCAG
ACGTCTCAGTCACTTGAGGAAACTTGTCCCTGGGTTTGGGAAAGCATATACCATATTCAACAAAACCTTGATG
GAGGCCGATGCTCACTATAAGTCGGTCAGGACTTGGAACGAGATCATCCCCTCAAAAGGGTGTCTAAGAGTTG
GGGGGAGATGTCATCCTCATGTGAATGGGGTGTTCTTTAATGGTATAATATTAGGCCCGGATGGCCATGTTCTG
ATCCCGGAAATGCAATCGTCCCTCCTCCAACAACACATGGAGCTGTTGGAATCCTCGGTCATCCCCCTAATGCA
TCCATTGGCAGACCCCTCAACAGTTTTCAAAGATGGGGATGAGGCGGAAGATTTTGTTGAGGTTCACCTTCCG
GATGTGCACAAACTGATCTCGGGGGTTGACCTTGGTCTTCCCAGCTGGGGGAAGTATGTGTTGATGAGTGCAT
GTGTTTTAACAGCACTGATGTTGATGATTTTCTTGATGACGTGTTGCAGGAGGGGTAATCAAGCAGGGTCAAA
ACAACATGGTCTTGAAGGGACAGGGAGGAAAGTGTCTGTCACTTCCCAGAATGGAAAAGTCATATCCTCATGG
GAGTCATATAAAAGCGGAGGTGAGACCAGGCTGTGA

Figura 3: Análise da sequência do vírus da raiva

Amostra n.o 4: Isolado 4403-16, Tipo de amostra Cérebro, Espécie Cão, Origem Dhading, Data de colheita 20/02/2009 Gene N-, nt 1350:

ATGGATGCCGACAAGATTGTATTCAAAGTCAATAATCAGGTGGTCTCTTTGAAGCCTGAGATTATCGTGGATC
AATATGAGTACAAGTACCCTGCTATCAAGGACTTGAAGAAGCCCAGTATCACCCTAGGGAAAGCCCCCGATTT
GAACAAGGCATACAAGTCAGTCTTATCAGGTTTGAATGCTGCCAAGCTTGATCCTGATGATGTATGTTCCTACT
TGGCAGCTGCGATGCAGTTCTTCGAGGGGACATGTCCTGAAGACTGGACCAGCTATGGGATCTTGATTGCACG
AAAAGGAGATAAGATCACCCCGGATTCTCTTGTGGAGATAAAGCGTACTGATGTAGAAGGGAATTGGGCTTTG
ACGGGGGGGATGGAACTGACGAGGGACCCCACTGTTCCTGAGCATGCGTCTTTAGTCGGTCTTCTCTTGAGCCT
GTATAGGCTGAGCAAGATATCTGGGCAAAACACCGGTAACTATAAAACAAATATTGCAGATAGGATAGAGCA
GATTTTCGAGACAGCCCCTTTTATTAAAATCGTAGAACACCATACTCTAATGACAACTCACAAGATGTGTGCCA
ATTGGAGTACGATACCAAACTTCAGATTCTTGGCAGGGACCTACGACATGTTTTTCTCTCGGATTGAGCACCTG
TATTCAGCGATTAGAGTAGGCACAGTAGTCACTGCTTATGAGGACTGCTCGGGGCTGGTGTCGTTTACTGGGTT
CATAAAACAGATAAATCTCACTGCAAGGGAAGCAATACTGTATTTCTTCCACAAGAACTTCGAGGAAGAAATA
AGAAGAATGTTTGAGCCAGGGCAAGAGACAGCTGTTCCTCACTCCTATTTCATTCACTTCCGTTCACTGGGCTT
GAGTGGAAAGTCCCCTTATTCATCAAATGCAGTTGGTCATGTGTTCAATCTCATTCACTTTGTTGGATGTTATAT
GGGGCAAGTAAGGTCTCTGAATGCAACGGTCATCGCTGGATGTGCTCCTCATGAGATGTCCGTCTTAGGGGGC
TATTTGGGGGAGGAGTTTTTTGGGAAGGGAACGTTCGAAAGAAGATTCTTCAGAGACGAAAAAGAGCTCCAG
GAATATGAGACGGCTGAATTGACAAAGACTGACGTGGCGCTGGCAGATGATGGAACTGTCAATTCAGATGAT
GAGGACTACTTCTCCGGTGAAACCAGAAGCCCCGAAGCTGTTTATGCCCGAATCATGATGAACGGAGGCCGAC
TAAAGAGATCGCACATACGGAGATATGTTTCTGTCAGCTCCAATCACCAGGCTCGTCCGAACTCATTTGCCGA
GTTTCTAAACAAGACGTATTCCAGTGATTCA

G-gene, nt 1575:

ATGGTTCCTCAGGTTCTTTGGTTTGTACCCCTTCTGGTTTTCTCAATGTGTTTCGGAAAGTTCCCTATCTACACG
ATACCAGACAAACTTGGTCCCTGGAGCCCGATTGACATACATCATCTCAGCTGTCCAAACAACCTGGTTGTAG
AAGATGAAGGATGTACCAACTTGTCGGGTTTCTCCTACATGGAACTTAAGGTGGGATACATTTCAGCCATAAA
AGTAAATGGGTTCACGTGTACAGGTGTGGTGACAGAGGCAGAGACTTACACTAACTTTGTTGGTTATGTTACC
ACCACGTTCAAAAGAAAGCATTTCCGCCCAACACCAGATGCATGTCGAGCTGCTTACAACTGGAAGATGGCCG
GTGACCCCAGATATGAAGAATCTTTGCACAATCCGTACCCTGACTACCACTGGCTTCGAACCGTCAAAACCAC
AAAGGAGTCCCTCGTCATCATATCCCCAAGTGTAGCGGACCTGGACCCATATGACAAATCCCTTCACTCGAGG
GTCTTTCCTAGCGGGAAGTGCTCGGGGATAACAATATCATCTACCTACTGCTCTACTAACCATGATTACACAAT
CTGGATGCCCGAGAATCCGAGACTGGGGACATCTTGTGACATCTTTACCAACAGTAGAGGGAAGAGAGCATCT
AAAGGGAGCAAAACTTGCGGATTTGTTGATGAAAGAGGCTTGTATAAGTCTTTGAAAGGGGCATGCAAGCTCA
AGTTGTGTGGGGTTCTTGGCCTTAGACTTATGGATGGAACATGGGTCGCGATGCAAACATCGGACGAGACCAA
GTGGTGTCCCCCTGATCAGTTGGTAAATCTACATGACTTTCGCTCGGACGAGATCGAACATCTCGTTGTAGAGG
AGTTGGTCAAGAAAAGAGAGGAGTGTCTGGATGCACTAGAGTCTATCATGACCACCAAGTCGGTGAGTTTCAG
ACGTCTCAGCCACTTGAGAAAACTTGTCCCTGGGTTCGGAAAAGCATACACCATATTCAACAAAACCCTGATG
GAAGCAGATGCTCATTACAAGTCAGTCAGAACCTGGAATGAGATCATCCCCTCCAAGGGGTGTTTGAGAGTTG
GAGGGAGGTGTCATCCTCACGTGAACGGGGTGTTTTTCAACGGTATAATACTGGGTCCTGATGGCCATGTTCTC
ATCCCAGAGATGCAATCATCCCTCCTTCAGCAGCATATGGAGTTGTTGGAATCCTCAGTTATCCCTCTGATGCA
CCCTTTAGCAGACCCGTCCACAGTTTTCAAGGACGGCGATGAAGCAGAGGATTTTGTCGAGGTTCACCTTCCCG
ATGTACACAAACAAATCTCAGGTGTTGACCTGGGTCTCCCTAACTGGGGAAAGTATGTTTTGGTGAGTGCAGG
GGTCTTGGTTGTCCTGATGTTGGCAATTTTCATAATGACATGTTGCGGAAGAGTAAATCGACCCAAGTCTACAC
AACACAGTCTCGAAGGTACAGGGAGGAAGGTGTCGGTCACTTCCCAGAGCGGGAAGGTCATATCTTCATGGG
AGTCATATAAGAGCGGGGGTGAGACCAGACTGTGA

Figura 4: Análise da sequência do vírus da raiva

Amostra n.o 5: Isolado 4403-17, Tipo de amostra Cérebro, Espécie Cão, Origem Pokhara, Data de colheita 9/11/2009 N-gene, nt 1350:

ATGGATGCCGACAAGATTGTATTCAAAGTTAATAATCAGGTGGTCTCCTTGAAGCCCGAGATCATTGTAGATC
AGTATGAGTACAAATACCCGGCCATCAAAGACCTGAAGAAACCCAGCATAACCCTAGGGAAGGCTCCTGACTT
AAACAAGGCATACAAATCTGTTTTGTCGGGCATGAATGCTGCCAAGCTTGACCCTGATGACGTGTGCTCCTATT
TAGCAGCTGCAATGCAATTTTTCGAGGGATCCTGTCCTGAGGACTGGACTAGCTATGGAATACTGATCGCACG
GAAAGGGGACAAGATCACTCCAGATTCTCTCGTAGATATAAAGCGCACTGATGTAGAGGGGAATTGGGCCCTG
ACCGGAGGAATGGAATTGACGAGGGACCCCACTGTTTCTGAGCATGCATCTCTAGTCGGTCTTCTCTTGAGTCT
GTATCGGTTGAGCAAAATATCGGGGCAAAACACCGGCAATTACAAGACAAACATTGCAGATAGGATAGAGCA
GATCTTTGAGACAGCCCCTTTTGTCAAGATTGTGGAACACCATACTTTGATGACAACTCACAAGATGTGTGCTA
ATTGGAGTACCATACCGAACTTCAGATTCTTAGCTGGAACATACGACATGTTTTTCTCCCGGATTGAGCATCTG
TATTCAGCAATTAGAGTAGGCACAGTTGTTACTGCTTATGAGGACTGCTCAGGGCTGGTGTCGTTTACAGGGTT
CATAAAGCAAATAAATCTTACTGCAAGAGAAGCGATACTGTATTTCTTCCACAAGAACTTTGAGGAGGAGATA
AGGAGAATGTTTGAGCCAGGTCAGGAGACAGCCGTTCCTCATTCCTATTTCATTCACTTTCGTTCATTGGGCCT
AAGCGGTAAGTCCCCGTATTCATCAAATGCAGTCGGCCACGTGTTCAATCTCATCCACTTTGTTGGATGTTATA
TGGGTCAAGTCAGATCTCTTAATGCAACGGTTATTGCTGCATGTGCCCCTCATGAGATGTCTGTTCTAGGGGGA
TATCTAGGAGAAGAGTTTTTTGGAAAGGGGACATTTGAGAGAAGATTCTTCAGAGATGAGAAAGAACTTCAAG
AATACGAGGCGGCTGAACTGACGAAGACTGACATTGCGTTGGCTGATGACGGAACCGTCAATTCTGATGACGA
GGATTACTTCTCAGGTGAAACCAGGAGTCCTGAAGCTGTTTATACTCGGATCATGATGAACGGAGGTCGATTG
AAAAGATCACACATAAGGAGGTATGTTTCAGTCAGTTCCAATCATCAAGCTCGCCCAAACTCATTCGCAGAGT
TTCTCAACAAGACGTATTCTAGTGACTCA

G-gene, nt 1575:

ATGGTCCCTCAGGTTCTCTTGTTTGTGCCCCTTCTAGTGTTCTCACTGTGTTTCGGGAAGTTCCCCATCTACACG
ATACCAGACAAGCTTGGTCCCTGGAGTCCTATTGACATACATCATCTCAGCTGTCCAAACAATTTGGTTGTAGA
GGATGAAGGATGCACCAATCTGTCAGGATTCTCCTACATGGAACTTAAAGTGGGATACATCTCAGCCATAAAA
GTGAATGGCTTTACTTGTACAGGCGTGGTTACAGAGGCGGAGACTTACACTAACTTCGTTGGTTATGTCACTAC
CACGTTTAGAAGAAAGCACTTCCGCCCAACGCCTGATGCGTGCAGAGCCGCATACAACTGGAAACTGGCCGGC
GACCCCAGATATGAAGAGTCCCTACACAATCCATACCCTGATTACCATTGGCTTCGGACTGTGAAAACTACCA
AGGAGTCTCTCGTCATAATATCCCCGAGTGTGGCAGATCTAGATCCCTATGACAAATCCCTTCACTCGAGAGTT
TTTCCCGGCGGAAAGTGCTCCGGGATAACAATATCTTCCACTTACTGCTCTACTAACCATGATTACACCATCTG
GATGCCTGAAAATCCGAGACTAGGGACATCTTGTGACATCTTCGTCAACAGCAGGGGGAAGAGGGCGTCTAA
GGGGGGCAAGACCTGTGGGTTTGTAGATGAGAGAGGCTTGTATAAGTCGCTAAAAGGAGCTTGCAAACTCAA
ATTGTGTGGGGTGCCCGGACTGAGACTTATGGATGGAACGTGGGCTGCGATTCAAACGTCGGATGAGACCAAA
TGGTGCCCCCCTGATCAGTTAGTAAATCTACATGATTTTCGCTCAGATGAAATCGAACATCTAGTCGTGGAAGA
ACTGGTCAAGAAAAGAGAGGAGTGCTTAGATGCACTGGAATCCATCATGACTACCAAGTCAGTAAGCTTCAGA
CGTCTCAGTCACTTGAGGAAACTTGTCCCTGGGTTTGGGAAAGCATATACCATATTCAACAAAACCTTGATGG
AGGCCGATGCTCACTATAAGTCGGTCAGGACTTGGAACGAGATCATCCCCTCAAAAGGGTGTTTAAGAGTTGG
GGGGAGATGTCATCCTCATGTGAATGGGGTGTTCTTTAATGGTATAATATTAGGCCCAGACGGCCATGTTCTGA
TCCCGGAAATGCAATCGTCCCTCCTCCAACAACACATGGAGCTGTTGGAATCCTCGGTCATCCCCCTAATGCAT
CCATTGGCAGACCCATCAACAGTTTTCAAAGATGGGGATGAGGCGGAAGATTTTGTTGAGGTTCACCTTCCGG
ATGTGCACAAACTGATCTCGGGAGTTGACCTTGGTCTTCCCAGCTGGGGGAAGTATGTGTTGATGAGCGCAGG
TGTTTTAACAGCACTGATGTTGATGATTTTCTTGATGACGTGTTGCAGGAGGGGTAATCAAGCAGGGTCAAAA
CAACATGGTCTTGAAGGGACAGGGAGGAAAGTGTCTGTCACTTCCCAGAATGGAAAAGTCATATCCTCATGGG
AGTCATATAAAAGCGGAGGTGAGACCAGGCTGTGA

Figura 5: Análise da sequência do vírus da raiva

Amostra n.o 6: Isolado 4403-19, Tipo de amostra Cérebro, Espécie Cão, Origem Lalitpur, Data de colheita 13/11/2009 Gene N-, nt 1350:

ATGGATGCCGACAAGATTGTATTCAAAGTCAATAATCAGGTGGTCTCTTTGAAGCCTGAGATTATCGTGGATC
AATATGAGTACAAGTACCCTGCTATCAAGGACTTGAAGAAGCCCAGTATCACCCTAGGGAAAGCCCCCGATTT
GAACAAGGCATACAAGTCAGTCTTATCAGGTTTGAATGCTGCCAAGCTTGATCCTGATGATGTATGTTCCTACT
TGGCAGCTGCGATGCAGTTCTTCGAGGGGACATGTCCTGAAGACTGGACCAGCTATGGGATCTTGATTGCACG
AAAAGGAGATAAGATCACCCCGGATTCTCTTGTGGAGATAAAGCGTACTGATGTAGAAGGGAATTGGGCTTTG
ACGGGGGGGATGGAACTGACGAGGGACCCCACTGTTCCTGAGCATGCGTCTTTAGTCGGTCTTCTCTTGAGCCT
GTATAGGCTGAGCAAGATATCTGGGCAAAACACCGGTAACTATAAAACAAATATTGCAGATAGGATAGAGCA
GATTTTCGAGACAGCCCCTTTTATTAAAATCGTAGAACACCATACTCTAATGACAACTCACAAGATGTGTGCCA
ATTGGAGTACGATACCAAACTTCAGATTCTTGGCAGGGACCTACGACATGTTTTTCTCTCGGATTGAGCACCTG
TATTCAGCGATTAGAGTAGGCACAGTAGTCACTGCTTATGAGGACTGCTCGGGGCTGGTGTCGTTTACTGGGTT
CATAAAACAGATAAATCTCACTGCAAGGGAAGCAATACTGTATTTCTTCCACAAGAACTTCGAGGAAGAAATA
AGAAGAATGTTTGAGCCAGGGCAAGAGACAGCTGTTCCTCACTCCTATTTCATTCACTTCCGTTCACTGGGCTT
GAGTGGAAAGTCCCCTTATTCATCAAATGCAGTTGGTCATGTGTTCAATCTCATTCACTTTGTTGGATGTTATAT
GGGGCAAGTAAGGTCTCTGAATGCAACGGTCATTGCTGGATGTGCTCCTCATGAGATGTCCGTCTTAGGGGGC
TATTTGGGGGAGGAGTTTTTTGGGAAGGGAACGTTCGAAAGAAGATTCTTCAGAGACGAAAAAGAGCTCCAG
GAATATGAGACGGCTGAATTGACAAAGACTGACGTGGCGCTGGCAGATGATGGAACTGTCAATTCAGATGAT
GAGGACTACTTCTCCGGTGAAACCAGAAGCCCCGAAGCTGTTTATGCCCGAATCATGATGAACGGAGGCCGAC
TAAAGAGATCGCACATACGGAGATATGTTTCTGTCAGCTCCAATCACCAGGCTCGTCCGAACTCATTTGCCGA
GTTTCTAAACAAGACGTATTCCAGTGATTCA

G-gene, nt 1575:

ATGGTTCCTCAGGTTCTTTGGTTTGTACCCCTTCTGGTTTTCTCAATGTGTTTCGGAAAGTTCCCTATCTACACG
ATACCAGACAAACTTGGTCCCTGGAGCCCGATTGACATACATCATCTCAGCTGTCCAAACAACCTGGTTGTAG
AAGATGAAGGATGTACCAACTTGTCGGGTTTCTCCTACATGGAACTTAAGGTGGGATACATTTCAGCCATAAA
AGTAAATGGGTTCACGTGCACAGGTGTGGTGACAGAGGCAGAGACTTACACTAACTTTGTTGGTTATGTTACC
ACCACGTTCAAAAGAAAGCATTTCCGCCCAACACCAGATGCATGTCGAGCTGCTTACAACTGGAAGATGGCCG
GTGACCCCAGATATGAAGAATCTTTGCACAATCCGTACCCTGACTACCACTGGCTTCGAACCGTCAAAACCAC
AAAGGAGTCCCTCGTCATCATATCCCCAAGTGTAGCGGACCTGGACCCATATGACAAATCCCTTCACTCGAGG
GTCTTTCCTAGCGGGAAGTGCTCGGGGATAACAATATCATCTACCTACTGCTCTACTAACCATGATTACACAAT
CTGGATGCCCGAGAATCCGAGACTGGGGACATCTTGTGACATCTTTACCAACAGTAGAGGGAAGAGAGCATCC
AAAGGGAGCAAAACTTGCGGATTTGTTGATGAAAGAGGCTTGTATAAGTCTTTGAAAGGGGCATGCAAGCTCA
AGTTGTGTGGGGTTCTTGGCCTTAGACTTATGGATGGAACATGGGTCGCGATGCAAACATCGGACGAGACCAA
GTGGTGTCCCCCTGATCAGTTGGTAAATCTACATGACTTTCGCTCGGACGAGATCGAACATCTCGTTGTAGAGG
AGTTGGTCAAGAAAAGAGAGGAGTGTCTGGATGCACTAGAGTCTATCATGACCACCAAGTCGGTGAGTTTCAG
ACGTCTCAGCCACTTGAGAAAACTTGTCCCTGGGTTCGGAAAAGCATACACCATATTCAACAAAACCCTGATG
GAAGCAGATGCTCATTACAAGTCAGTCAGAACCTGGAATGAGATCATCCCCTCCAAGGGGTGTTTGAGAGTTG
GAGGGAGGTGTCATCCTCACGTGAACGGGGTGTTTTTCAACGGTATAATACTGGGTCCTGATGGCCATGTTCTC
ATCCCAGAGATGCAATCATCCCTCCTTCAGCAGCATATGGAGTTGTTGGAATCCTCAGTTATCCCTCTGATGCA
CCCTTTAGCAGACCCGTCTACAGTTTTCAAGGACGGCGATGAAGCAGAGGATTTTGTCGAGGTTCACCTTCCCG
ATGTACACAAACAAATCTCAGGTGTTGACCTGGGTCTCCCTAACTGGGGAAAGTATGTTTTGGTGAGTGCAGG
GGTCTTGGTTGTCCTGATGTTGGCAATTTTCATAATGACATGTTGCGGAAGAGTAAATCGACCCAAGTCTACAC
AACACAGTCTCGAAGGTACAGGGAGGAAGGTGTCGGTCACTTCCCAGAGCGGGAAGGTCATATCTTCATGGG
AGTCATATAAGAGCGGGGGTGAGACCAGACTGTGA

Figura 6: Análise da sequência do vírus da raiva

Amostra n.o 7: Isolado 3878-2, Tipo de amostra Cérebro, Espécie Cão, Origem Katmandu, Data de colheita 11/4/2010 N-gene, nt 1350 :

ATGGATGCCGACAAGATTGTATTCAAAGTCAATAATCAGGTGGTCTCTTTGAAGCCTGAGATTATCGTGGATC
AATATGAGTACAAGTACCCTGCTATCAAGGACTTGAAGAAGCCCAGTATCACCCTAGGGAAAGCCCCCGATTT
GAACAAGGCATACAAGTCAGTCTTATCAGGTTTGAATGCTGCCAAGCTTGATCCTGATGATGTATGTTCCTACT
TGGCAGCTGCGATGCAGTTCTTCGAGGGGACATGTCCTGAAGACTGGACCAGCTATGGGATCTTGATTGCACG
AAAAGGAGATAAGATCACCCCGGATTCTCTTGTGGAGATAAAGCGTACTGATGTAGAAGGGAATTGGGCTTTG
ACGGGGGGGATGGAACTGACGAGGGACCCCACTGTTCCTGAGCATGCGTCTTTAGTCGGTCTTCTCTTGAGCCT
GTATAGGCTGAGCAAGATATCTGGGCAAAACACCGGTAACTATAAAACAAATATTGCAGATAGGATAGAGCA
GATTTTCGAGACAGCCCCTTTTATTAAAATCGTAGAACACCATACTCTAATGACAACTCACAAGATGTGTGCCA
ATTGGAGTACGATACCAAACTTCAGATTCTTGGCAGGGACCTACGACATGTTTTTCTCTCGGATTGAGCACCTG
TATTCAGCGATTAGAGTAGGCACAGTAGTCACTGCTTATGAGGACTGCTCGGGGCTGGTGTCGTTTACTGGGTT
CATAAAACAGATAAATCTCACAGCAAGGGAAGCAATACTGTATTTCTTCCACAAGAACTTCGAGGAAGAAATA
AGAAGAATGTTTGAGCCAGGGCAAGAGACAGCTGTTCCTCACTCCTATTTCATTCACTTCCGTTCACTGGGCTT
GAGTGGAAAGTCCCCTTATTCATCAAATGCAGTTGGTCATGTGTTCAATCTCATTCACTTTGTTGGATGTTATAT
GGGGCAAGTAAGGTCTCTGAATGCAACGGTCATTGCTGGATGTGCTCCTCATGAGATGTCCGTCTTAGGGGGC
TATTTGGGGGAGGAGTTTTTTGGGAAGGGAACGTTCGAAAGAAGATTCTTCAGAGACGAAAAAGAGCTCCAG
GAATATGAGACGGCTGAATTGACAAAGACTGACGTGGCGCTGGCAGATGATGGAACTGTCAATTCAGATGAT
GAGGACTACTTCTCCGGTGAAACCAGAAGCCCTGAAGCTGTTTATGCCCGAATCATGATGAACGGAGGCCGAC
TAAAGAGATCGCACATACGGAGATATGTTTCTGTCAGCTCCAATCACCAGGCTCGTCCGAACTCATTTGCCGA
GTTTCTAAACAAGACGTATTCCAGTGATTCA

G-gene, nt 1575 :

ATGGTTCCTCAGGTTCTTTGGTTTGTACCCCTTCTGGTTTTCTCAATGTGTTTCGGAAAGTTCCCTATCTACACG
ATACCAGACAAACTTGGTCCCTGGAGCCCGATTGACATACATCATCTCAGCTGTCCAAACAACCTGGTTGTAG
AAGATGAAGGATGTACCAACTTGTCGGGTTTCTCCTACATGGAACTTAAGGTGGGATACATTTCAGCCATAAA
AGTAAATGGGTTCACGTGCACAGGTGTGGTGACAGAGGCAGAGACTTACACTAACTTTGTTGGTTATGTTACC
ACCACGTTCAAAAGAAAGCATTTCCGCCCAACACCAGATGCATGTCGAGCTGCTTACAACTGGAAGATGGCCG
GTGACCCCAGATATGAAGAATCTTTGCACAATCCGTACCCTGACTACCACTGGCTTCGAACCGTCAAAACCAC
AAAGGAGTCCCTCGTCATCATATCCCCAAGTGTAGCGGACCTGGACCCATATGACAAATCCCTTCACTCGAGG
GTCTTTCCTAGCGGGAAGTGCTCGGGGATAACAATATCATCTACCTACTGCTCTACTAACCATGATTACACAAT
CTGGATGCCCGAGAATCCGAGACTGGGGACATCTTGTGACATCTTTACCAACAGTAGAGGGAAGAGAGCATCC
AAAGGGAGCAAAACTTGCGGATTTGTTGATGAAAGAGGCTTGTATAAGTCTTTGAAAGGGGCATGCAAGCTCA
AGTTGTGTGGGGTTCTTGGCCTTAGACTTATGGATGGAACATGGGTCGCGATGCAAACATCGGACGAGACCAA
GTGGTGTCCCCCTGATCAGTTGGTAAATCTACATGACTTTCGCTCGGACGAGATCGAACATCTCGTTGTAGAGG
AGTTGGTCAAGAAAAGAGAGGAGTGTCTGGATGCACTAGAGTCTATCATGACCACCAAGTCGGTGAGTTTCAG
ACGTCTCAGCCACTTGAGAAAACTTGTCCCTGGGTTCGGAAAAGCATACACCATATTCAACAAAACCCTGATG
GAAGCAGATGCTCATTACAAGTCAGTCAGAACCTGGAATGAGATCATCCCCTCCAAGGGGTGTTTGAGAGTTG
GAGGGAGGTGTCATCCTCACGTGAACGGGGTGTTTTTCAACGGTATAATACTGGGTCCTGATGGCCATGTTCTC
ATCCCAGAGATGCAATCATCCCTCCTTCAGCAGCATATGGAGTTGTTGGAATCCTCAGTTATCCCTCTGATGCA
CCCTTTAGCAGACCCGTCTACAGTTTTCAAGGACGGCGATGAAGCAGAGGATTTTGTCGAGGTTCACCTTCCCG
ATGTACACAAACAAATCTCAGGTGTTGACCTGGGTCTCCCTAACTGGGGAAAGTATGTTTTGGTGAGTGCAGG
GGTCTTGGTTGTCCTGATGTTGGCAATTTTCATAATGACATGTTGCGGAAGAGTAAATCGACCCAAGTCTACAC
AACACAGTCTCGAAGGTACAGGGAGGAAGGTGTCGGTCACTTCCCAAAGCGGGAAGGTCATATCTTCATGGG
AGTCATATAAGAGCGGGGGTGAGACCAGACTGTGA

Figura 7: Análise da sequência do vírus da raiva

Amostra n.o 8: Isolado 3878-3, Tipo de amostra Cérebro, Espécie Cão, Origem Katmandu, Data de colheita 21/4/2010 N-gene, nt 1350 :

ATGGATGCCGACAAGATTGTATTCAAAGTCAATAATCAGGTGGTCTCTTTGAAGCCTGAGATTATCGTGGATC
AATATGAGTACAAGTACCCTGCTATCAAGGACTTGAAGAAGCCCAGTATCACCCTAGGGAAAGCCCCCGATTT
GAACAAGGCATACAAGTCAGTCTTATCAGGTTTGAATGCTGCCAAGCTTGATCCTGATGATGTATGTTCCTACT
TGGCAGCTGCGATGCAGTTCTTCGAGGGGACATGTCCTGAAGACTGGACCAGCTATGGGATCTTGATTGCACG
AAAAGGAGATAAGATCACCCCGGATTCTCTTGTGGAGATAAAGCGTACTGATGTAGAAGGGAATTGGGCTTTG
ACGGGGGGGATGGAACTGACGAGGGACCCCACTGTTCCTGAGCATGCGTCTTTAGTCGGTCTTCTCTTGAGCCT
GTATAGGCTGAGCAAGATATCTGGGCAAAACACCGGTAACTATAAAACAAATATTGCAGATAGGATAGAGCA
GATTTTCGAGACAGCCCCTTTTATTAAAATCGTAGAACACCATACTCTAATGACAACTCACAAGATGTGTGCCA
ATTGGAGTACGATACCAAACTTCAGATTCTTGGCAGGGACCTACGACATGTTTTTCTCTCGGATTGAGCACCTG
TATTCAGCGATTAGAGTAGGCACAGTAGTCACTGCTTATGAGGACTGCTCGGGGCTGGTGTCGTTTACTGGGTT
CATAAAACAGATAAATCTCACAGCAAGGGAAGCAATACTGTATTTCTTCCACAAGAACTTCGAGGAAGAAATA
AGAAGAATGTTTGAGCCAGGGCAAGAGACAGCTGTTCCTCACTCCTATTTCATTCACTTCCGTTCACTGGGCTT
GAGTGGAAAGTCCCCTTATTCATCAAATGCAGTTGGTCATGTGTTCAATCTCATTCACTTTGTTGGATGTTATAT
GGGGCAAGTAAGGTCTCTGAATGCAACGGTCATTGCTGGATGTGCTCCTCATGAGATGTCCGTCTTAGGGGGC
TATTTGGGGGAGGAGTTTTTTGGGAAGGGAACGTTCGAAAGAAGATTCTTCAGAGACGAAAAAGAGCTCCAG
GAATATGAGACGGCTGAATTGACAAAGACTGACGTGGCGCTGGCAGATGATGGAACTGTCAATTCAGATGAT
GAGGACTACTTCTCCGGTGAAACCAGAAGCCCTGAAGCTGTTTATGCCCGAATCATGATGAACGGAGGCCGAC
TAAAGAGATCGCACATACGGAGATATGTTTCTGTCAGCTCCAATCACCAGGCTCGTCCGAACTCATTTGCCGA
GTTTCTAAACAAGACGTATTCCAGTGATTCA

G-gene, nt 1575 :

ATGGTTCCTCAGGTTCTTTGGTTTGTACCCCTTCTGGTTTTCTCAATGTGTTTCGGAAAGTTCCCTATCTACACG
ATACCAGACAAACTTGGTCCCTGGAGCCCGATTGACATACATCATCTCAGCTGTCCAAACAACCTGGTTGTAG
AAGATGAAGGATGTACCAACTTGTCGGGTTTCTCCTACATGGAACTTAAGGTGGGATACATTTCAGCCATAAA
AGTAAATGGGTTCACGTGCACAGGTGTGGTGACAGAGGCAGAGACTTACACTAACTTTGTTGGTTATGTTACC
ACCACGTTCAAAAGAAAGCATTTCCGCCCAACACCAGATGCATGTCGAGCTGCTTACAACTGGAAGATGGCCG
GTGACCCCAGATATGAAGAATCTTTGCACAATCCGTACCCTGACTACCACTGGCTTCGAACCGTCAAAACCAC
AAAGGAGTCCCTCGTCATCATATCCCCAAGTGTAGCGGACCTGGACCCATATGACAAATCCCTTCACTCGAGG
GTCTTTCCTAGCGGGAAGTGCTCGGGGATAACAATATCATCTACCTACTGCTCTACTAACCATGATTACACAAT
CTGGATGCCCGAGAATCCGAGACTGGGGACATCTTGTGACATCTTTACCAACAGTAGAGGGAAGAGAGCATCC
AAAGGGAGCAAAACTTGCGGATTTGTTGATGAAAGAGGCTTGTATAAGTCTTTGAAAGGGGCATGCAAGCTCA
AGTTGTGTGGGGTTCTTGGCCTTAGACTTATGGATGGAACATGGGTCGCGATGCAAACATCGGACGAGACCAA
GTGGTGTCCCCCTGATCAGTTGGTAAATCTACATGACTTTCGCTCGGACGAGATCGAACATCTCGTTGTAGAGG
AGTTGGTCAAGAAAAGAGAGGAGTGTCTGGATGCACTAGAGTCTATCATGACCACCAAGTCGGTGAGTTTCAG
ACGTCTCAGCCACTTGAGAAAACTTGTCCCTGGGTTCGGAAAAGCATACACCATATTCAACAAAACCCTGATG
GAAGCAGATGCTCATTACAAGTCAGTCAGAACCTGGAATGAGATCATCCCCTCCAAGGGGTGTTTGAGAGTTG
GAGGGAGGTGTCATCCTCACGTGAACGGGGTGTTTTTCAACGGTATAATACTGGGTCCTGATGGCCATGTTCTC
ATCCCAGAGATGCAATCATCCCTCCTTCAGCAGCATATGGAGTTGTTGGAATCCTCAGTTATCCCTCTGATGCA
CCCTTTAGCAGACCCGTCTACAGTTTTCAAGGACGGCGATGAAGCAGAGGATTTTGTCGAGGTTCACCTTCCCG
ATGTACACAAACAAATCTCAGGTGTTGACCTGGGTCTCCCTAACTGGGGAAAGTATGTTTTGGTGAGTGCAGG
GGTCTTGGTTGTCCTGATGTTGGCAATTTTCATAATGACATGTTGCGGAAGAGTAAATCGACCCAAGTCTACAC
AACACAGTCTCGAAGGTACAGGGAGGAAGGTGTCGGTCACTTCCCAAAGCGGGAAGGTCATATCTTCATGGG
AGTCATATAAGAGCGGGGGTGAGACCAGACTGTGA

Figura 8: Análise da sequência do vírus da raiva

Amostra n.o 9: Isolado 3878-4, Tipo de amostra Cérebro, Espécie Cão, Origem Bhaktapur, Data de colheita 4/2/2010

N-gene, nt 1350 :

ATGGATGCCGACAAGATTGTATTCAAAGTCAATAATCAGGTGGTCTCTTTGAAGCCTGAGATTATCGTGGATC
AATATGAGTACAAGTACCCTGCTATCAAGGACTTGAAGAAGCCCAGTATCACCCTAGGGAAAGCCCCCGATTT
GAACAAGGCATACAAGTCAGTCTTATCAGGTTTGAATGCTGCCAAGCTTGATCCTGATGATGTATGTTCCTACT
TGGCAGCTGCGATGCAGTTCTTCGAGGGGACATGTCCTGAAGACTGGACCAGCTATGGGATCTTGATTGCACG
AAAAGGAGATAAGATCACCCCGGATTCTCTTGTGGAGATAAAGCGTACTGATGTAGAAGGGAATTGGGCTTTG
ACGGGGGGGATGGAACTGACGAGGGACCCCACTGTTCCTGAGCATGCGTCTTTAGTCGGTCTTCTCTTGAGCCT
GTATAGGCTGAGCAAGATATCTGGGCAAAACACCGGTAACTATAAAACAAATATTGCAGATAGGATAGAGCA
GATTTTCGAGACAGCCCCTTTTATTAAAATCGTAGAACACCATACTCTAATGACAACTCACAAGATGTGTGCCA
ATTGGAGTACGATACCAAACTTCAGATTCTTGGCAGGGACCTACGACATGTTTTTCTCTCGGATTGAGCACCTG
TATTCAGCGATTAGAGTAGGCACAGTAGTCACTGCTTATGAGGACTGCTCGGGGCTGGTGTCGTTTACTGGGTT
CATAAAACAGATAAATCTCACTGCAAGGGAAGCAATACTGTATTTCTTCCACAAGAACTTCGAGGAAGAAATA
AGAAGAATGTTTGAGCCAGGGCAAGAGACAGCTGTTCCTCACTCCTATTTCATTCACTTCCGTTCACTGGGCTT
GAGTGGAAAGTCCCCTTATTCATCAAATGCAGTTGGTCATGTGTTCAATCTCATTCACTTTGTTGGATGTTATAT
GGGGCAAGTAAGGTCTCTGAATGCAACGGTCATTGCTGGATGTGCTCCTCATGAGATGTCCGTCTTAGGGGGC
TATTTGGGGGAGGAGTTTTTTGGGAAGGGAACGTTCGAAAGAAGATTCTTCAGAGACGAAAAAGAGCTCCAG
GAATATGAGACGGCTGAATTGACAAAGACTGACGTGGCGCTGGCAGATGATGGAACTGTCAATTCAGATGAT
GAGGACTACTTCTCCGGTGAAACCAGAAGCCCCGAAGCTGTTTATGCCCGAATCATGATGAACGGAGGCCGAC
TAAAGAGATCGCACATACGGAGATATGTTTCTGTCAGCTCCAATCACCAGGCTCGTCCGAACTCATTTGCCGA
GTTTCTAAACAAGACGTATTCCAGTGATTCA

G-gene, nt 1575 :

ATGGTTCCTCAGGTTCTTTGGTTTGTACCCCTTCTGGTTTTCTCAATGTGTTTCGGAAAGTTCCCTATCTACACG
ATACCAGACAAACTTGGTCCCTGGAGCCCGATTGACATACATCATCTCAGCTGTCCAAACAACCTGGTTGTAG
AAGATGAAGGATGTACCAACTTGTCGGGTTTCTCCTACATGGAACTTAAGGTGGGATACATTTCAGCCATAAA
AGTAAATGGGTTCACGTGTACAGGTGTGGTGACAGAGGCAGAGACTTACACTAACTTTGTTGGTTATGTTACC
ACCACGTTCAAAAGAAAGCATTTCCGCCCAACACCAGATGCATGTCGAGCTGCTTACAACTGGAAGATGGCCG
GTGACCCCAGATATGAAGAATCTTTGCACAATCCGTACCCTGACTACCACTGGCTTCGAACCGTCAAAACCAC
AAAGGAGTCCCTCGTCATCATATCCCCAAGTGTAGCGGACCTGGACCCATATGACAAATCCCTTCACTCGAGG
GTCTTTCCTAGCGGGAAGTGCTCGGGGATAACAATATCATCTACCTACTGCTCTACTAACCATGATTACACAAT
CTGGATGCCCGAGAATCCGAGACTGGGGACATCTTGTGACATCTTTACCAACAGTAGAGGGAAGAGAGCATCT
AAAGGGAGCAAAACTTGCGGATTTGTTGATGAAAGAGGCTTGTATAAGTCTTTGAAAGGGGCATGCAAGCTCA
AGTTGTGTGGGGTTCTTGGCCTTAGACTTATGGATGGAACATGGGTCGCGATGCAAACATCGGACGAGACCAA
GTGGTGTCCCCCTGATCAGTTGGTAAATCTACATGACTTTCGCTCGGACGAGATCGAACATCTCGTTGTAGAGG
AGTTGGTCAAGAAAAGAGAGGAGTGTCTGGATGCACTAGAGTCTATCATGACCACCAAGTCGGTGAGTTTCAG
ACGTCTCAGCCACTTGAGAAAACTTGTCCCTGGGTTCGGAAAAGCATACACCATATTCAACAAAACCCTGATG
GAAGCAGATGCTCATTACAAGTCAGTCAGAACCTGGAATGAGATCATCCCCTCCAAGGGGTGTTTGAGAGTTG
GAGGGAGGTGTCATCCTCACGTGAACGGGGTGTTTTTCAACGGTATAATACTGGGTCCTGATGGCCATGTTCTC
ATCCCAGAGATGCAATCATCCCTCCTTCAGCAGCATATGGAGTTGTTGGAATCCTCAGTTATCCCTCTGATGCA
CCCTTTAGCAGACCCGTCTACAGTTTTCAAGGACGGCGATGAAGCAGAGGATTTTGTCGAGGTTCACCTTCCCG
ATGTACACAAACAAATCTCAGGTGTTGACCTGGGTCTCCCTAACTGGGGAAAGTATGTTTTGGTGAGTGCAGG
GGTCTTGGTTGTCCTGATGTTGGCAATTTTCATAATGACATGTTGCGGAAGAGTAAATCGACCCAAGTCTACAC
AACACAGTCTCGAAGGTACAGGGAGGAAGGTGTCGGTCACTTCCCAGAGCGGGAAGGTCATATCTTCATGGG
AGTCATATAAGAGCGGGGGTGAGACCAGACTGTGA

Figura 9: Análise da sequência do vírus da raiva

Amostra n.o 10: Isolado 3878-5, Tipo de amostra Cérebro, Espécie Mangusto, Origem Pokhara, Data de colheita 20/5/2010

N-gene, nt 1350 :

ATGGATGCCGACAAGATTGTATTCAAAGTCAATAATCAGGTGGTCTCTTTGAAGCCTGAGATTATCGTGGATC
AATATGAGTACAAGTACCCTGCTATCAAGGACTTGAAGAAGCCCAGTATCACCCTAGGGAAAGCCCCCGATTT
GAACAAGGCATACAAGTCAGTCTTATCAGGTTTGAATGCTGCCAAGCTTGATCCTGATGATGTATGTTCCTACT
TGGCAGCTGCGATGCAGTTCTTCGAGGGGACATGTCCTGAAGACTGGACCAGCTATGGGATCTTGATTGCACG
AAAAGGAGATAAGATCACCCCGGATTCTCTTGTGGAGATAAAGCGTACTGATGTAGAAGGGAATTGGGCTTTG
ACGGGGGGGATGGAACTGACGAGGGACCCCACTGTTCCTGAGCATGCGTCTTTAGTCGGTCTTCTCTTGAGCCT
GTATAGGCTGAGCAAGATATCTGGGCAAAACACCGGTAACTATAAAACAAATATTGCAGATAGGATAGAGCA
GATTTTCGAGACAGCCCCTTTTATTAAAATCGTAGAACACCATACTCTAATGACAACTCACAAGATGTGTGCCA
ATTGGAGTACGATACCAAACTTCAGATTCTTGGCAGGGACCTACGACATGTTTTTCTCTCGGATTGAGCACCTG
TATTCAGCGATTAGAGTAGGCACAGTAGTCACTGCTTATGAGGACTGCTCGGGGCTGGTGTCGTTTACTGGGTT
CATAAAACAGATAAATCTCACTGCAAGGGAAGCAATACTGTATTTCTTCCACAAGAACTTCGAGGAAGAAATA
AGAAGAATGTTTGAGCCAGGGCAAGAGACAGCTGTTCCTCACTCCTACTTCATTCACTTCCGTTCACTGGGCTT
GAGTGGAAAGTCCCCTTATTCATCAAATGCAGTTGGTCATGTGTTCAATCTCATTCACTTTGTTGGATGTTATAT
GGGGCAAGTAAGGTCTCTGAATGCAACGGTCATTGCTGGATGTGCTCCTCATGAGATGTCCGTCTTAGGGGGC
TATTTGGGGGAGGAGTTCTTTGGGAAGGGAACGTTCGAAAGAAGATTCTTCAGAGACGAAAAAGAGCTCCAG
GAATATGAGACGGCTGAATTGACAAAGACTGACGTGGCGTTGGCAGATGATGGAACTGTCAATTCAGATGATG
AGGACTACTTCTCCGGTGAAACCAGAAGCCCCGAAGCTGTTTATGCCCGAATCATGATGAACGGAGGCCGACT
AAAGAGATCGCACATACGGAGATATGTTTCTGTCAGCTCCAATCACCAGGCTCGTCCGAACTCATTTGCCGAG
TTTCTAAACAAGACATATTCCAGTGATTCA

G-gene, nt 1575 :

ATGGTTCCTCAGGTTCTTTGGTTTGTACCCCTTCTGGTTTTCTCAATGTGTTTCGGAAAGTTCCCTATCTACACG
ATACCAGACAAACTTGGTCCCTGGAGCCCGATTGACATACATCATCTCAGCTGTCCAAACAACCTGGTTGTAG
AAGATGAAGGATGTACCAACTTGTCGGGTTTCTCCTACATGGAACTTAAGGTGGGATACATTTCAGCCATAAA
AGTAAATGGGTTCACGTGCACAGGTGTGGTGACAGAGGCAGAGACTTACACTAACTTAGTTGGTTATGTTACC
ACCACATTCAAAAGAAAGCATTTCCGCCCAACACCAGATGCATGTCGAGCTGCTTACAACTGGAAGATGGCCG
GTGACCCCAGATATGAAGAATCTTTGCACAATCCGTACCCTGACTACCACTGGCTTCGAACCGTCAAAACCAC
AAAGGAGTCCCTCGTCATCATATCCCCAAGTGTAGCGGACCTGGACCCATATGACAAATCCCTTCACTCGAGG
GTCTTTCCTAGCGGGAAGTGCTCGGGGATAACAATATCATCTACCTACTGCTCTACTAACCATGATTACACAAT
CTGGATGCCCGAGAATCCGAGACTGGGGACATCTTGTGACATCTTTACCAACAGTAGAGGGAAGAGAGCATCC
AAAGGGAGCAAAACTTGCGGATTTGTTGATGAAAGAGGCTTGTATAAGTCTTTGAAAGGGGCATGCAAGCTCA
AGTTGTGTGGGGTTCTTGGCCTTAGACTTATGGATGGAACATGGGTCGCGATGCAAACATCGGACGAGACCAA
GTGGTGTCCCCCTGATCAGTTGGTAAATCTACATGACTTTCGCTCGGACGAGATCGAACATCTCGTTGTAGAGG
AGTTGGTCAAGAAAAGAGAGGAGTGTCTGGATGCACTAGAGTCTATCATGACCACCAAGTCGGTGAGTTTCAG
ACGTCTCAGCCACTTGAGAAAACTTGTCCCTGGGTTCGGAAAAGCATACACCATATTCAACAAAACCCTGATG
GAAGCAGATGCTCATTACAAGTCAGTCAGAACCTGGAATGAGATCATCCCCTCCAAGGGGTGTTTGAGAGTTG
GAGGGAGGTGTCATCCTCACGTGAACGGGGTGTTTTTCAACGGTATAATACTGGGTCCTGATGGCCATGTTCTC
ATCCCAGAGATGCAATCATCCCTCCTTCAGCAGCATATGGAGTTGTTGGAATCCTCAGTTATCCCTCTGATGCA
CCCTTTAGCAGACCCGTCTACAGTTTTCAAGGACGGCGATGAAGCAGAGGATTTTGTCGAGGTTCACCTTCCCG
ATGTACACAAACAAATCTCAGGTGTTGACCTGGGTCTCCCTAACTGGGGAAAGTATGTTTTGGTGAGTGCAGG
GGTCTTGGTTGTCCTGATGTTGGCAATTCTCATAATGACATGTTGCGGAAGAGTAAATCGACCCAAGTCTACAC
AACACAGTCTCGAAGGTACAGGGAGGAAGGTGTCGGTCACTTCCCAGAGCGGGAAGGTCATATCTTCATGGG
AGTCATATAAGAGCGGGGGTGAGACCAGACTGTGA

Figura 10: Análise da sequência do vírus da raiva

Amostra n.o 11: Isolado 3878-8, Tipo de amostra Cérebro, Espécie Cão, Origem Katmandu, Data de colheita 3/9/2010

N-gene, nt 1350 :

ATGGATGCCGACAAGATTGTATTCAAAGTCAATAATCAGGTGGTCTCTTTGAAGCCTGAGATTATCGTGGATC
AATATGAGTACAAGTACCCTGCTATCAAGGACTTGAAGAAGCCCAGTATCACCCTAGGGAAAGCCCCCGATTT
GAACAAGGCATACAAGTCAGTCTTATCAGGTTTGAATGCTGCCAAGCTTGATCCTGATGATGTATGTTCCTACT
TGGCAGCTGCGATGCAGTTCTTCGAGGGGACATGTCCTGAAGACTGGACCAGCTATGGGATCTTGATTGCACG
AAAAGGAGATAAGATCACCCCGGATTCTCTTGTGGAGATAAAGCGTACTGATGTAGAAGGGAATTGGGCTTTG
ACGGGGGGGATGGAACTGACGAGGGACCCCACTGTTCCTGAGCATGCGTCTTTAGTCGGTCTTCTCTTGAGCCT
GTATAGGCTGAGCAAGATATCTGGGCAAAACACCGGTAACTATAAAACAAATATTGCAGATAGGATAGAGCA
GATTTTCGAGACAGCCCCTTTTATTAAAATCGTAGAACACCATACTCTAATGACAACTCACAAGATGTGTGCCA
ATTGGAGTACGATACCAAACTTCAGATTCTTGGCAGGGACCTACGACATGTTTTTCTCTCGGATTGAGCACCTG
TATTCAGCGATTAGAGTAGGCACAGTAGTCACTGCTTATGAGGACTGCTCGGGGCTGGTGTCATTTACTGGGTT
CATAAAACAGATAAATCTCACCGCAAGGGAAGCAATACTGTATTTCTTCCACAAGAACTTCGAGGAAGAAATA
AGAAGAATGTTTGAGCCAGGGCAAGAGACAGCTGTTCCTCACTCCTATTTCATTCACTTCCGTTCACTGGGCTT
GAGTGGAAAGTCCCCTTATTCATCAAATGCAGTTGGTCATGTGTTCAATCTCATTCACTTTGTTGGATGTTATAT
GGGGCAAGTAAGGTCTCTGAATGCAACGGTCATTGCTGGATGTGCTCCTCATGAGATGTCCGTCTTAGGGGGC
TATTTGGGGGAGGAGTTTTTTGGGAAGGGAACGTTCGAAAGAAGATTCTTCAGAGACGAAAAAGAGCTCCAG
GAATATGAGACGGCTGAATTGACAAAGACTGACGTGGCGCTGGCAGATGATGGAACTGTCAATTCAGATGAT
GAGGACTACTTCTCCGGTGAAACCAGAAGCCCCGAAGCTGTTTATGCCCGAATCATGATGAACGGAGGCCGAC
TAAAGAGATCGCACATACGGAGATATGTTTCTGTCAGCTCCAATCACCAGGCTCGTCCGAACTCATTTGCCGA
GTTTCTAAACAAGACGTATTCCAGTGATTCA

G-gene, nt 1575 :

ATGATTCCTCAGGTTCTTTGGTTTGTACCCCTTCTGGTTTTCTCAATGTGTTTCGGAAAGTTCCCTATCTACACG
ATACCAGACAAACTTGGTCCCTGGAGCCCGATTGACATACATCATCTCAGCTGTCCAAACAACCTGGTTGTAG
AAGATGAAGGATGTACCAACTTGTCGGGTTTCTCCTACATGGAACTTAAGGTGGGATACATTTCAGCCATAAA
AGTAAATGGGTTCACGTGTACAGGTGTGGTGACAGAGGCAGAGACTTACACTAACTTTGTTGGTTATGTTACC
ACCACGTTCAAAAGAAAGCATTTCCGCCCAACACCAGATGCATGTCGAGCTGCTTACAACTGGAAGATGGCCG
GTGACCCCAGATATGAAGAATCTTTGCACAATCCGTACCCTGACTACCACTGGCTTCGAACCGTCAAAACCAC
AAAGGAGTCCCTCGTCATCATATCCCCAAGTGTAGCGGACCTGGACCCATATGACAAATCCCTTCACTCGAGG
GTCTTTCCTAGCGGGAAGTGCTCGGGGATAACAATATCATCTACCTACTGCTCTACTAACCATGATTACACAAT
CTGGATGCCCGAGAATCCGAGACTGGGGACATCTTGTGACATCTTTACCAACAGTAGAGGGAAGAGAGCATCT
AAAGGGAGCAAAACTTGCGGATTTGTTGATGAAAGAGGCTTGTATAAGTCTTTGAAAGGGGCATGCAAGCTCA
AGTTGTGTGGGGTTCTTGGCCTTAGACTTATGGATGGAACATGGGTCGCGATGCAAACATCGGACGAGACCAA
GTGGTGTCCCCCTGATCAGTTGGTAAATCTACATGACTTTCGCTCGGACGAGATCGAACATCTCGTTGTAGAGG
AGTTGGTCAAGAAAAGAGAGGAGTGTCTGGATGCACTAGAGTCTATCATGACCACCAAGTCGGTGAGTTTCAG
ACGTCTCAGCCACTTGAGAAAACTTGTCCCTGGGTTCGGAAAAGCATACACCATATTCAACAAAACCCTGATG
GAAGCAGATGCTCATTACAAGTCAGTCAGAACCTGGAATGAGATCATCCCCTCCAAGGGGTGTTTGAGAGTTG
GAGGGAGGTGTCATCCTCACGTGAACGGGGTGTTTTTCAACGGTATAATACTGGGTCCTGATGGCCATGTTCTC
ATCCCAGAGATGCAATCATCCCTCCTTCAGCAGCATATGGAGTTGTTGGAATCCTCAGTTATCCCTCTGATGCA
CCCTTTAGCAGACCCGTCTACAGTTTTCAAGGATGGCGATGAAGCAGAGGATTTTGTCGAGGTTCACCTTCCCG
ATGTACACAAACAAATCTCAGGTGTTGACCTGGGTCTCCCTAACTGGGGAAAGTATGTTTTGGTGAGTGCAGG
GGTCTTGGTTGTCCTGATGTTGGCAATTTTCATAATGACATGTTGCGGAAGAGTAAATCGACCCAAGTCTACAC
AACACAGTCTCGAAGGTACAGGGAGGAAGGTGTCGGTCACTTCCCAGAGCGGGAAGGTCATATCTTCATGGG
AGTCATATAAGAGCGGGGGTGAGACCAGACTGTGA

Figura 11: Análise da sequência do vírus da raiva

Amostra n.o 12: Isolado 3878-9, Tipo de amostra Cérebro, Espécie Cão, Origem Katmandu, Data de colheita 23/8/2010

N-gene, nt 1350 : (AL 1a)

ATGGATGCCGATAAGATTGTATTCAAAGTCAATAATCAGGTGGTCTCTTTGAAGCCTGAGATCATCGTGGATC
AATATGAGTACAAGTACCCTGCTATCAAGGACTTGAAGAAGCCCAGTATCACTCTAGGAAAAGCCCCCGATTT
GAACAAAGCATACAAGTCAGTCTTATCAGGCTTGAATGCTGCCAAGCTTGACCCTGATGATGTATGTTCCTACT
TAGCAGCTGCGATGCAGTTCTTTGAAGGGACATGTCCTGAAGACTGGACCAGCTATGGGATCTTGATTGCAAG
AAAAGGAGATAAAATCACCCCGGATTCTCTCGTGGAGATAAAGCGTACTGATGTAGAAGGGAATTGGGCTTTG
ACGGGAGGAATGGAACTGACGAGGGACCCCACTATTCCCGAGCATGCGTCTTTAGTCGGTCTTCTCTTGAGTCT
GTACAGGCTGAGCAAAATATCTGGGCAAAACACCGGTAACTATAAAACAAATATTGCAGATAGGATAGAGCA
GATCTTCGAGACAGCCCCTTTTATTAAAATCGTGGAACACCATACTCTGATGACGACTCACAAAATGTGTGCCA
ATTGGAGTACTATACCAAACTTCAGATTCTTGGCAGGGACCTACGACATGTTTTTCTCCCGGATTGAACACCTG
TATTCAGCGATCAGAGTAGGCACGGTAGTTACTGCTTATGAGGACTGCTCAGGGCTGGTGTCATTTACGGGGTT
CATAAAGCAGATAAATCTCACTGCAAGGGAAGCAATACTATATTTCTTCCACAAAAATTTCGAAGAAGAGATA
AGAAGAATGTTTGAGCCGGGGCAAGAGACAGCTGTTCCTCACTCCTATTTCATTCACTTCCGTTCACTGGGCTT
GAGTGGGAAGTCCCCTTATTCATCAAATGCAGTAGGTCATGTGTTCAATCTCATCCACTTTGTTGGATGCTACA
TGGGGCAAGTAAGGTCCCTGAATGCAACGGTCATTGCTGGATGTGCTCCTCATGAGATGTCTGTTTTAGGGGG
CTATTTAGGGGAGGAGTTTTTCGGGAAGGGAACGTTCGAAAGGAGATTCTTCAGAGACGAAAAAGAACTTCA
AGAATATGAGACGGCAGAATTGACAAAGACTGAAGTAGCACTAGCAGATGATGGAACTGTCAATTCGGATGA
CGAGGACTACTTCTCCGGTGAAACCAGAAGCCCAGAAGCTGTTTATGCTCGAATCATGATGAACGGAGGCCGA
CTAAAGAGGTCACACATACGGAGATATGTTTCAGTCAGCTCCAATCACCAAGCTCGTCCGAACTCATTTGCCG
AGTTTCTAAACAAGACATATTCTAGTGACTCA

G-gene, nt 1575 :

ATGGTTCCTCAGGTTCTTTTGTTTGTACCCCTTCTGGTTTTCTCAATGTGTTTCGGGAAATTCCCTATCTATACGA
TACCAGACAAACTTGGTCCCTGGAGCCCGATTGACATACATCATCTCAGCTGTCCAAACAACCTGGTTGTGGA
AGATGAAGGATGCACTAACCTGTCGGGTTTCTCCTACATGGAACTTAAGGTGGGATACATCTCGGCCATAAAA
GTAAACGGGTTCACTTGCACAGGTGTGGTGACAGAGGCAGAGACTTACACTAACTTTGTCGGTTATGTTACCA
CCACGTTCAAAAGAAAGCATTTCCGCCCAACACCCGATGCATGTCGAGCTGCTTACAATTGGAAGATGGCCGG
TGACCCCAGATATGAAGAATCGCTGCACAATCCGTACCCTGACTACCACTGGCTTCGAACTGTTAAAACCACA
AAGGAGTCCCTCGTCATCATATCCCCAAGTGTAGCGGACTTGGACCCATACGACAAATCCCTTCATTCGAGAG
TCTTTCCTAGCGGGAAATGCTCGGGGATAACAATATCATCTACTTACTGCTCTACTAACCATGATTACACAATC
TGGATGCCCGAGAATCCGAGACTGGGGACATCTTGTGACATCTTTACCAACAGTAGAGGGAAGAGAGCATCCA
AAGGGGGCAAAACTTGCGGATTCGTTGATGAAAGAGGCTTATATAAGTCTTTGAAAGGGGCATGCAAACTCAA
GTTATGTGGAGTTCTTGGCCTTAGACTTATGGATGGAACGTGGGTTGCGATGCAAACATCGGACGAAACCAAG
TGGTGCCCTCCTGACCAGTTGGTAAATCTACACGACTTTCGCTCAGACGAGATCGAACATCTTGTTGTGGAGGA
GTTGGTCAAGAAAAGAGAGGAGTGTCTGGATGCATTAGAGTCTATCATGACTACCAAGTCGGTGAGTTTCAGA
CGTCTCAGCCACTTGAGAAAACTTGTCCCTGGGTTCGGGAAGGCATACACTATATTCAACAAAACTTTGATGG
AAGCAGATGCTCATTACAAGTCAATCCGAACCTGGAATGAGATCATCCCCTCCAAAGGGTGTTTGAGAGTTGG
AGGGAGGTGTCATCCTCACGTGAACGGGGTGTTTTTTAACGGTATAATACTGGGTCCTGACGGCCATGTTCTAA
TCCCAGAGATGCAATCATCCCTCCTTCAGCAGCATATGGAGTTGTTGGAATCCTCGGTTATCCCCCTGATGCAC
CCTTTAGCGGACCCGTCTACAGTTTTCAAGGACGGTGATGAAGCAGAGGATTTTGTTGAGGTTCACCTTCCCGA
CGTGCACAAACAAATTTCAGGTGTTGACCTGGGTCTCCCCAGCTGGGGAAAGTATGTTTTGGTGAGTGCAGGG
GTCTTGGTTGTCCTGATGTTGACAATTTTCATAATGACATGTTGTGGGAGAGTCCGTCGACCCAAGTCTACACA
ACACAGTCTCGGAGAGACAGGGAGGAAGGTGTCGGTCACTTCCCAAAGCGGGAAGGTCATATCTTCATGGGA
GTCATATAAGAGCGGGGGTGAGACCAGACTGTGA

Figura 12: Análise da sequência do vírus da raiva

Amostra n.o 13: Isolado 3878-10, Tipo de amostra Cérebro, Espécie Cão, Origem Katmandu, Data de colheita 30/9/2010

N-gene, nt 1350 :

ATGGATGCCGACAAGATTGTATTCAAAGTCAATAATCAGGTGGTCTCTTTGAAGCCTGAGATTATCGTGGATC
AATATGAGTACAAGTACCCTGCTATCAAGGACTTGAAGAAGCCCAGTATCACCCTAGGGAAAGCCCCCGATTT
GAACAAGGCATACAAGTCAGTCTTATCAGGTTTGAATGCTGCCAAGCTTGATCCTGATGATGTATGTTCCTACT
TGGCAGCTGCGATGCAGTTCTTCGAGGGGACATGTCCTGAAGACTGGACCAGCTATGGGATCTTGATTGCACG
AAAAGGAGATAAGATCACCCCGGATTCTCTTGTAGAGATAAAGCGTACTGATGTAGAAGGGAATTGGGCTTTG
ACGGGGGGGATGGAACTGACGAGGGACCCCACTGTTCCTGAGCATGCGTCTTTAGTCGGTCTTCTCTTGAGCCT
GTATAGGCTGAGCAAGATATCTGGGCAAAACACCGGTAACTATAAAACAAATATTGCAGATAGGATAGAGCA
GATTTTCGAGACAGCCCCTTTTGTTAAAATCGTAGAACACCATACTCTAATGACAACTCACAAGATGTGTGCCA
ATTGGAGTACGATACCAAACTTCAGATTCTTGGCAGGGACCTACGACATGTTTTTCTCTCGGATTGAGCACCTG
TATTCAGCGATTAGAGTAGGCACAGTAGTCACTGCTTATGAGGACTGCTCGGGGCTGGTGTCGTTTACTGGGTT
CATAAAACAGATAAATCTCACTGCAAGGGAAGCAATACTGTATTTCTTCCACAAGAACTTCGAGGAAGAAATA
AGAAGAATGTTTGAGCCAGGGCAAGAGACAGCTGTTCCTCACTCCTATTTCATTCACTTCCGTTCACTGGGCTT
GAGTGGAAAGTCCCCTTATTCATCAAATGCAGTTGGTCATGTGTTCAATCTCATTCACTTTGTTGGATGTTATAT
GGGGCAAGTAAGGTCTCTGAATGCAACGGTCATTGCTGGATGTGCTCCTCATGAGATGTCCGTCTTAGGGGGC
TATTTGGGGGAGGAGTTTTTTGGGAAGGGAACGTTCGAAAGAAGATTCTTCAGAGACGAAAAAGAGCTCCAG
GAATATGAGACGGCTGAATTGACAAAGACTGACGTGGCGCTGGCAGATGATGGAACTGTCAATTCAGATGAT
GAGGACTACTTCTCCGGTGAAACCAGAAGCCCTGAAGCTGTTTATGCCCGAATCATGATGAACGGAGGCCGAC
TAAAGAGATCGCACATACGGAGATATGTTTCTGTCAGCTCCAATCACCAGGCTCGTCCGAACTCATTTGCCGA
GTTTCTAAACAAGACGTATTCCAGTGATTCA

G-gene, nt 1575:

ATGGTTCCTCAGGTTCTTTGGTTTGTACCCCTTCTGGTTTTCTCAATGTGTTTCGGAAAGTTCCCTATCTACACG
ATACCAGACAAACTTGGTCCCTGGAGCCCGATTGACATACATCATCTCAGCTGTCCAAACAACCTGGTTGTAG
AAGATGAAGGATGTACCAACTTGTCGGGTTTCTCCTACATGGAACTTAAGGTGGGATACATTTCAGCCATAAA
AGTAAATGGGTTCACGTGCACAGGTGTGGTGACAGAGGCAGAGACTTACACTAACTTTGTTGGTTATGTTACC
ACCACGTTCAAAAGAAAGCATTTCCGCCCAACACCAGATGCATGTCGAGCTGCTTACAACTGGAAGATGGCCG
GTGACCCCAGATATGAAGAATCTTTGCACAATCCGTACCCTGACTACCACTGGCTTCGAACCGTCAAAACCAC
AAAGGAGTCCCTCGTCATCATATCCCCAAGTGTAGCGGACCTGGACCCATATGACAAATCCCTTCACTCGAGG
GTCTTTCCTAGCGGGAAGTGCTCGGGGATAACAATATCATCTACCTACTGCTCTACCAACCATGATTACACAAT
CTGGATGCCCGAGAATCCGAGACTGGGGACATCTTGTGACATCTTTACCAACAGTAGAGGGAAGAGAGCATCC
AAAGGGAGCAAAACTTGCGGATTTGTTGATGAAAGAGGTTTGTATAAGTCTTTGAAAGGGGCATGCAAGCTCA
AGTTGTGTGGGGTTCTTGGCCTTAGACTTATGGATGGAACATGGGTCGCGATGCAAACATCGGACGAGACCAA
GTGGTGTCCCCCTGATCAGTTGGTAAATCTACATGACTTTCGCTCGGACGAGATCGAACATCTCGTTGTAGAGG
AGTTGGTCAAGAAAAGAGAGGAGTGTCTGGATGCACTAGAGTCTATCATGACCACCAAGTCGGTGAGTTTCAG
ACGTCTCAGCCACTTGAGAAAACTTGTCCCTGGGTTCGGAAAAGCATACACCATATTCAACAAAACCCTGATG
GAAGCAGATGCTCATTACAAGTCAGTCAGAACCTGGAATGAGATCATCCCCTCCAAGGGGTGTTTGAGAGTTG
GAGGGAGGTGTCATCCTCACGTGAACGGGGTGTTTTTCAACGGTATAATACTGGGTCCTGATGGCCATGTTCTC
ATCCCAGAGATGCAATCATCCCTCCTTCAGCAGCATATGGAGTTGTTGGAATCCTCAGTTATCCCTCTGATGCA
CCCTTTAGCAGACCCGTCTACAGTTTTCAAGGACGGCGATGAAGCAGAGGATTTTGTCGAGGTTCACCTTCCCG
ATGTACACAAACAAATCTCAGGTGTTGACCTGGGTCTCCCTAACTGGGGAAAGTATGTTTTGGTGAGTGCAGG
GGTCTTGGTTGTCCTGATGTTGGCAATTTTCATAATGACATGTTGCGGAAGAGTAAATCGACCCAAGTCTACAC
AACACAGTCTCGAAGGTACAGGGAGGAAGGTGTCGGTCACTTCCCAAAGCGGGAAGGTCATATCTTCATGGG
AGTCATATAAGAGCGGGGGTGAGACCAGACTGTGA

Figura 13: Análise da sequência do vírus da raiva

Amostra n.o 14: Isolado 3878-73, Tipo de amostra Cérebro (no cartão FTA), Espécie Bovina, Origem Pokhara, Data de colheita 28/5/2009

N-gene, nt 1350 : (Indian Subcontinent)

ATGGATGCCGACAAGATTGTATTCAAAGTTAATAATCAGGTGGTCTCCTTGAAGCCCGAGATCATTGTAGATC
AGTATGAGTACAAATACCCGGCCATCAAAGACCTGAAGAAACCCAGCATAACCCTAGGGAAGGCTCCTGACTT
AAACAAGGCATACAAATCTGTTTTGTCGGGCATGAATGCTGCCAAGCTTGACCCTGATGACGTGTGCTCCTATT
TAGCAGCTGCAATGCAATTTTTCGAGGGATCCTGTCCTGAGGACTGGACTAGCTATGGAATACTGATCGCACG
GAAAGGGGACAAGATCACTCCAGATTCTCTCGTAGATATAAAGCGCACTGATGTAGAGGGGAATTGGGCCCTG
ACCGGAGGAATGGAATTGACGAGGGACCCCACTGTTTCTGAGCATGCATCTCTAGTCGGTCTTCTCTTGAGTCT
GTATCGGTTGAGCAAAATATCGGGGCAAAACACCGGCAATTACAAGACAAACATTGCAGATAGGATAGAGCA
GATCTTTGAGACAGCCCCTTTTGTCAAGATTGTGGAACACCATACTTTGATGACAACTCACAAGATGTGTGCTA
ATTGGAGTACCATACCGAACTTCAGATTCTTAGCTGGAACATACGACATGTTTTTCTCCCGGATTGAGCATCTG
TATTCAGCAATTAGAGTAGGCACAGTTGTTACTGCTTATGAGGACTGCTCAGGGCTGGTGTCGTTTACAGGGTT
CATAAAGCAAATAAATCTTACTGCAAGAGAAGCGATACTGTATTTCTTCCACAAGAACTTTGAGGAGGAGATA
AGGAGAATGTTTGAGCCAGGTCAGGAGACAGCCGTTCCTCATTCCTATTTCATTCACTTTCGTTCATTGGGCCT
AAGCGGTAAGTCCCCGTATTCATCAAATGCAGTCGGCCACGTGTTCAATCTCATCCACTTTGTTGGATGTTATA
TGGGTCAAGTCAGATCTCTTAATGCAACGGTTATTGCTGCATGTGCCCCTCATGAGATGTCTGTTCTAGGGGGA
TATCTAGGAGAAGAGTTTTTTGGAAAGGGGACATTTGAGAGAAGATTCTTCAGAGATGAGAAAGAACTTCAAG
AATACGAGGCGGCTGAACTGACGAAGACTGACATTGCGTTGGCTGATGACGGAACCGTCAATTCTGATGACGA
GGATTACTTCTCAGGTGAAACCAGGAGTCCTGAAGCTGTTTATACTCGGATCATGATGAACGGAGGTCGATTG
AAAAGATCACACATAAGGAGGTATGTTTCAGTCAGTTCCAATCATCAAGCTCGCCCAAACTCATTCGCAGAGT
TTCTCAACAAGACGTATTCTAGTGACTCA

G-gene, nt 1575 :

ATGGTCCCTCAGGTTCTCTTGTTTGTGCCCCTTCTAGTGTTCTCACTGTGTTTCGGGAAGTTCCCCATCTACACG
ATACCAGACAAGCTTGGTCCCTGGAGTCCTATTGACATACATCATCTCAGCTGTCCAAACAATTTGGTTGTAGA
GGATGAAGGATGCACCAATCTGTCAGGATTCTCCTACATGGAACTTAAAGTGGGATACATCTCAGCCATAAAA
GTGAATGGCTTTACTTGTACAGGCGTGGTTACAGAGGCGGAGACTTACACTAACTTCGTTGGTTATGTCACTAC
CACGTTTAGAAGAAAGCACTTCCGCCCAACGCCTGATGCGTGCAGAGCCGCATACAACTGGAAACTGGCCGGC
GACCCCAGATATGAAGAGTCCCTACACAATCCATACCCTGATTACCATTGGCTTCGGACTGTGAAAACTACCA
AGGAGTCTCTCGTCATAATATCCCCGAGTGTGGCAGATCTAGATCCCTATGACAAATCCCTTCACTCGAGAGTT
TTTCCCGGCGGAAAGTGCTCCGGGATAACAATATCTTCCACTTACTGCTCTACTAACCATGATTACACCATCTG
GATGCCTGAAAATCCGAGACTAGGGACATCTTGTGACATCTTCGTCAACAGCAGGGGGAAGAGGGCGTCTAA
GGGGGGCAAGACCTGTGGGTTTGTAGATGAGAGAGGCTTGTATAAGTCGCTAAAAGGAGCTTGCAAACTCAA
ATTGTGTGGGGTGCCCGGACTGAGACTTATGGATGGAACGTGGGCTGCGATTCAAACGTCGGATGAGACCAAA
TGGTGCCCCCCTAATCAGTTAGTAAATCTACATGATTTTCGCTCAGATGAAATCGAACATCTAGTCGTGGAAGA
ACTGGTCAAGAAAAGAGAGGAGTGCTTAGATGCACTGGAATCCATCATGACTACCAAGTCAGTAAGCTTCAGA
CGTCTCAGTCACTTGAGGAAACTTGTCCCTGGGTTTGGGAAAGCATATACCATATTCAACAAAACCTTGATGG
AGGCCGATGCTCACTATAAGTCGGTCAGGACTTGGAACGAGATCATCCCCTCAAAAGGGTGTTTAAGAGTTGG
GGGGAGATGTCATCCTCATGTGAATGGGGTGTTCTTTAATGGTATAATATTAGGCCCGGACGGCCATGTTCTGA
TCCCGGAAATGCAATCGTCCCTCCTCCAACAACACATGGAGCTGTTGGAATCCTCGGTCATCCCCCTAATGCAT
CCATTGGCAGACCCATCAACAGTTTTCAAAGATGGGGATGAGGCGGAAGATTTTGTTGAGGTTCACCTTCCGG
ATGTGCACAAACTGATCTCGGGAGTTGACCTTGGTCTTCCCAGCTGGGGGAAGTATGTGTTGATGAGCGCAGG
TGTTTTAACAGCACTGATGTTGATGATTTTCTTGATGACGTGTTGCAGGAGGGGTAATCAAGCAGGGTCAAAA
CAACATGGTCTTGAAGGGACAGGGAGGAAAGTGTCTGTCACTTCCCAGAATGGAAAAGTCATATCCTCATGGG
AGTCATATAAAAGCGGAGGTGAGACCAGGCTGTGA

Figura 14: Análise da sequência do vírus da raiva

Amostra n.o 15: Isolado 3878-74, Tipo de amostra Cérebro (no cartão FTA), Espécie Cabra, Origem Tanahu, Data de colheita 3/6/2010

N-gene, nt 1350 :

ATGGATGCCGACAAGATTGTATTCAAAGTCAATAATCAGGTGGTCTCTTTGAAGCCTGAGATTATCGTGGATC
AATATGAGTACAAGTACCCTGCTATCAAGGACTTGAAGAAGCCCAGTATCACCCTAGGGAAAGCCCCCGATTT
GAACAAGGCATACAAGTCAGTCTTATCAGGTTTGAATGCTGCCAAGCTTGATCCTGATGATGTATGTTCCTACT
TGGCAGCTGCGATGCAGTTCTTCGAGGGGACATGTCCTGAAGACTGGACCAGCTATGGGATCTTGATTGCACG
AAAAGGAGATAAGATCACCCCGGATTCTCTTGTGGAGATAAAGCGTACTGATGTAGAAGGGAATTGGGCTTTG
ACGGGGGGGATGGAACTGACGAGGGACCCCACTGTTCCTGAGCATGCGTCTTTAGTCGGTCTTCTCTTGAGCCT
GTATAGGCTGAGCAAGATATCTGGGCAAAACACCGGTAACTATAAAACAAATATTGCAGATAGGATAGAGCA
GATTTTCGAGACAGCCCCTTTTATTAAAATCGTAGAACACCATACTCTAATGACAACTCACAAGATGTGTGCCA
ATTGGAGTACGATACCAAACTTCAGATTCTTGGCAGGGACCTACGACATGTTTTTCTCTCGGATTGAGCACCTG
TATTCAGCGATTAGAGTAGGCACAGTAGTCACTGCTTATGAGGACTGCTCGGGGCTGGTGTCGTTTACTGGGTT
CATAAAACAGATAAATCTCACTGCAAGGGAAGCAATACTGTATTTCTTCCACAAGAACTTCGAGGAAGAAATA
AGAAGAATGTTTGAGCCAGGGCAAGAGACAGCTGTTCCTCACTCCTATTTCATTCACTTCCGTTCACTGGGCTT
GAGTGGAAAGTCCCCTTATTCATCAAATGCAGTTGGTCATGTGTTCAATCTCATTCACTTTGTTGGATGTTATAT
GGGGCAAGTAAGGTCTCTGAATGCAACGGTCATTGCTGGATGTGCTCCTCATGAGATGTCCGTCTTAGGGGGC
TATTTGGGGGAGGAGTTTTTTGGGAAGGGAACGTTCGAAAGAAGATTCTTCAGAGACGAAAAAGAGCTCCAG
GAATATGAGACGGCTGAATTGACAAAGACTGACGTGGCGCTGGCAGATGATGGAACTGTCAATTCAGATGAT
GAGGACTACTTCTCCGGTGAAACCAGAAGCCCTGAAGCTGTTTATGCCCGAATCATGATGAACGGAGGCCGAC
TAAAGAGATCGCACATACGGAGATATGTTTCTGTCAGCTCCAATCACCAGGCTCGTCCGAACTCATTTGCCGA
GTTTCTAAACAAGACGTATTCCAGTGATTCA

G-gene, nt 1575 :

ATGGTTCCTCAGGTTCTTTGGTTTGTACCCCTTCTGGTTTTCTCAATGTGTTTCGGAAAGTTCCCTATCTACACG
ATACCAGACAAACTTGGTCCCTGGAGCCCGATTGACATACATCATCTCAGCTGTCCAAACAACCTGGTTGTAG
AAGATGAAGGATGTACCAACTTGTCGGGTTTCTCCTACATGGAACTTAAGGTGGGATACATTTCAGCCATAAA
AGTAAATGGGTTCACGTGCACAGGTGTGGTGACAGAGGCAGAGACTTACACTAACTTTGTTGGTTATGTTACC
ACCACGTTCAAAAGAAAGCATTTCCGCCCAACACCAGATGCATGTCGAGCTGCTTACAACTGGAAGATGGCCG
GTGACCCCAGATATGAAGAATCTTTGCACAATCCGTACCCTGACTACCACTGGCTTCGAACCGTCAAAACCAC
AAAGGAGTCCCTCGTCATCATATCCCCAAGTGTAGCGGACCTGGACCCATATGACAAATCCCTTCACTCGAGG
GTCTTTCCTAGCGGGAAGTGCTCGGGGATAACAATATCATCTACCTACTGCTCTACTAACCATGATTACACAAT
CTGGATGCCCGAGAATCCGAGACTGGGGACATCTTGTGACATCTTTACCAACAGTAGAGGGAAGAGAGCATCC
AAAGGGAGCAAAACTTGCGGATTTGTTGATGAAAGAGGCTTGTATAAGTCTTTGAAAGGGGCATGCAAGCTCA
AGTTGTGTGGGGTTCTTGGCCTTAGACTTATGGATGGAACATGGGTCGCGATGCAAACATCGGACGAGACCAA
GTGGTGTCCCCCTGATCAGTTGGTAAATCTACATGACTTTCGCTCGGACGAGATCGAACATCTCGTTGTAGAGG
AGTTGGTCAAGAAAAGAGAGGAGTGTCTGGATGCACTAGAGTCTATCATGACCACCAAGTCGGTGAGTTTCAG
ACGTCTCAGCCACTTGAGAAAACTTGTCCCTGGGTTCGGAAAAGCATACACCATATTCAACAAAACCCTGATG
GAAGCAGATGCTCATTACAAGTCAGTCAGAACCTGGAATGAGATCATCCCCTCCAAGGGGTGTTTGAGAGTTG
GAGGGAGGTGTCATCCTCACGTGAACGGGGTGTTTTTCAACGGTATAATACTGGGTCCTGATGGCCATGTTCTC
ATCCCAGAGATGCAATCATCCCTCCTTCAGCAGCATATGGAGTTGTTGGAATCCTCAGTTATCCCTCTGATGCA
CCCTTTAGCAGACCCGTCTACAGTTTTCAAGGACGGCGATGAAGCAGAGGATTTTGTCGAGGTTCACCTTCCCG
ATGTACACAAACAAATCTCAGGTGTTGACCTGGGTCTCCCTAACTGGGGAAAGTATGTTTTGGTGAGTGCAGG
GGTCTTGGTTGTCCTGATGTTGGCAATTTTCATAATGACATGTTGCGGAAGAGTAAATCGACCCAAGTCTACAC
AACACAGTCTCGAAGGTACAGGGAGGAAGGTGTCGGTCACTTCCCAAAGCGGGAAGGTCATATCTTCATGGG
AGTCATATAAGAGCGGGGGTGAGACCAGACTGTGA

Figura 15: Análise da sequência do vírus da raiva

Amostra n.o 16: Isolado 3878-75, Tipo de amostra Cérebro (no cartão FTA), Espécie Cabra, Origem Pokhara, Data de colheita 16/6/2010

N-gene, nt 1350 :

ATGGATGCCGACAAGATTGTATTCAAAGTCAATAATCAGGTGGTCTCTTTGAAGCCTGAGATTATCGTGGATC
AATATGAGTACAAGTACCCTGCTATCAAGGACTTGAAGAAGCCCAGTATCACCCTAGGGAAAGCCCCCGATTT
GAACAAGGCATACAAGTCAGTCTTATCAGGTTTGAATGCTGCCAAGCTTGATCCTGATGATGTATGTTCCTACT
TGGCAGCTGCGATGCAGTTCTTCGAGGGGACATGTCCTGAAGACTGGACCAGCTATGGGATCTTGATTGCACG
AAAAGGAGATAAGATCACCCCGGATTCTCTTGTGGAGATAAAGCGTACTGATGTAGAAGGGAATTGGGCTTTG
ACGGGGGGGATGGAACTGACGAGGGACCCCACTGTTCCTGAGCATGCGTCTTTAGTCGGTCTTCTCTTGAGCCT
GTATAGGCTGAGCAAGATATCTGGGCAAAACACCGGTAACTATAAAACAAATATTGCAGATAGGATAGAGCA
GATTTTCGAGACAGCCCCTTTTATTAAAATCGTAGAACACCATACTCTAATGACAACTCACAAGATGTGTGCCA
ATTGGAGTACGATACCAAACTTCAGATTCTTGGCAGGGACCTACGACATGTTTTTCTCTCGGATTGAGCACCTG
TATTCAGCGATTAGAGTAGGCACAGTAGTCACTGCTTATGAGGACTGCTCGGGGCTGGTGTCGTTTACTGGGTT
CATAAAACAGATAAATCTCACTGCAAGGGAAGCAATACTGTATTTCTTCCACAAGAACTTCGAGGAAGAAATA
AGAAGAATGTTTGAGCCAGGGCAAGAGACAGCTGTTCCTCACTCCTACTTCATTCACTTCCGTTCACTGGGCTT
GAGTGGAAAGTCCCCTTATTCATCAAATGCAGTTGGTCATGTGTTCAATCTCATTCACTTTGTTGGATGTTATAT
GGGGCAAGTAAGGTCTCTGAATGCAACGGTCATTGCTGGATGTGCTCCTCATGAGATGTCCGTCTTAGGGGGC
TATTTGGGGGAGGAGTTCTTTGGGAAGGGAACGTTCGAAAGAAGATTCTTCAGAGACGAAAAAGAGCTCCAG
GAATATGAGACGGCTGAATTGACAAAGACTGACGTGGCGTTGGCAGATGATGGAACTGTCAATTCAGATGATG
AGGACTACTTCTCCGGTGAAACCAGAAGCCCCGAAGCTGTTTATGCCCGAATCATGATGAACGGAGGCCGACT
AAAGAGATCGCACATACGGAGATATGTTTCTGTCAGCTCCAATCACCAGGCTCGTCCGAACTCATTTGCCGAG
TTTCTAAACAAGACATATTCCAGTGATTCA

G-gene, nt 1575 :

ATGGTTCCTCAGGTTCTTTGGTTTGTACCCCTTCTGGTTTTCTCAATGTGTTTCGGAAAGTTCCCTATCTACACG
ATACCAGACAAACTTGGTCCCTGGAGCCCGATTGACATACATCATCTCAGCTGTCCAAACAACCTGGTTGTAG
AAGATGAAGGATGTACCAACTTGTCGGGTTTCTCCTACATGGAACTTAAGGTGGGATACATTTCAGCCATAAA
AGTAAATGGGTTCACGTGCACAGGTGTGGTGACAGAGGCAGAGACTTACACTAACTTAGTTGGTTATGTTACC
ACCACATTCAAAAGAAAGCATTTCCGCCCAACACCAGATGCATGTCGAGCTGCTTACAACTGGAAGATGGCCG
GTGACCCCAGATATGAAGAATCTTTGCACAATCCGTACCCTGACTACCACTGGCTTCGAACCGTCAAAACCAC
AAAGGAGTCCCTCGTCATCATATCCCCAAGTGTAGCGGACCTGGACCCATATGACAAATCCCTTCACTCGAGG
GTCTTTCCTAGCGGGAAGTGCTCGGGGATAACAATATCATCTACCTACTGCTCTACTAACCATGATTACACAAT
CTGGATGCCCGAGAATCCGAGACTGGGGACATCTTGTGACATCTTTACCAACAGTAGAGGGAAGAGAGCATCC
AAAGGGAGCAAAACTTGCGGATTTGTTGATGAAAGAGGCTTGTATAAGTCTTTGAAAGGGGCATGCAAGCTCA
AGTTGTGTGGGGTTCTTGGCCTTAGACTTATGGATGGAACATGGGTCGCGATGCAAACATCGGACGAGACCAA
GTGGTGTCCCCCTGATCAGTTGGTAAATCTACATGACTTTCGCTCGGACGAGATCGAACATCTCGTTGTAGAGG
AGTTGGTCAAGAAAAGAGAGGAGTGTCTGGATGCACTAGAGTCTATCATGACCACCAAGTCGGTGAGTTTCAG
ACGTCTCAGCCACTTGAGAAAACTTGTCCCTGGGTTCGGAAAAGCATACACCATATTCAACAAAACCCTGATG
GAAGCAGATGCTCATTACAAGTCAGTCAGAACCTGGAATGAGATCATCCCCTCCAAGGGGTGTTTGAGAGTTG
GAGGGAGGTGTCATCCTCACGTGAACGGGGTGTTTTTCAACGGTATAATACTGGGTCCTGATGGCCATGTTCTC
ATCCCAGAGATGCAATCATCCCTCCTTCAGCAGCATATGGAGTTGTTGGAATCCTCAGTTATCCCTCTGATGCA
CCCTTTAGCAGACCCGTCTACAGTTTTCAAGGACGGCGATGAAGCAGAGGATTTTGTCGAGGTTCACCTTCCCG
ATGTACACAAACAAATCTCAGGTGTTGACCTGGGTCTCCCTAACTGGGGAAAGTATGTTTTGGTGAGTGCAGG
GGTCTTGGTTGTCCTGATGTTGGCAATTCTCATAATGACATGTTGCGGAAGAGTAAATCGACCCAAGTCTACAC
AACACAGTCTCGAAGGTACAGGGAGGAAGGTGTCGGTCACTTCCCAGAGCGGGAAGGTCATATCTTCATGGG
AGTCATATAAGAGCGGGGGTGAGACCAGACTGTGA

Figura 16: Análise da sequência do vírus da raiva

Amostra n.o 17: Isolado 3878-76, Tipo de amostra Cérebro (no cartão FTA), Espécie Bovina, Origem Pokhara, Data de colheita 25/2/2010

N-gene, nt 1350 :

ATGGATGCCGACAAGATTGTATTCAAAGTCAATAATCAGGTGGTCTCTTTGAAGCCTGAGATTATCGTGGATC
AATATGAGTACAAGTACCCTGCTATCAAGGACTTGAAGAAGCCCAGTATCACCCTAGGGAAAGCCCCCGATTT
GAACAAGGCATACAAGTCAGTCTTATCAGGTTTGAATGCTGCCAAGCTTGATCCTGATGATGTATGTTCCTACT
TGGCAGCTGCGATGCAGTTCTTCGAGGGGACATGTCCTGAAGACTGGACCAGCTATGGGATCTTGATTGCACG
AAAAGGAGATAAGATCACCCCGGATTCTCTTGTGGAGATAAAGCGTACTGATGTAGAAGGGAATTGGGCTTTG
ACGGGGGGGATGGAACTGACGAGGGACCCCACTGTTCCTGAGCATGCGTCTTTAGTCGGTCTTCTCTTGAGCCT
GTATAGGCTGAGCAAGATATCTGGGCAAAACACCGGTAACTATAAAACAAATATTGCAGATAGGATAGAGCA
GATTTTCGAGACAGCCCCTTTTATTAAAATCGTAGAACACCATACTCTAATGACAACTCACAAGATGTGTGCCA
ATTGGAGTACGATACCAAACTTCAGATTCTTGGCAGGGACCTACGACATGTTTTTCTCTCGGATTGAGCACCTG
TATTCAGCGATTAGAGTAGGCACAGTAGTCACTGCTTATGAGGACTGCTCGGGGCTGGTGTCGTTTACTGGGTT
CATAAAACAGATAAATCTCACTGCAAGGGAAGCAATACTGTATTTCTTCCACAAGAACTTCGAGGAAGAAATA
AGAAGAATGTTTGAGCCAGGGCAAGAGACAGCTGTTCCTCACTCCTACTTCATTCACTTCCGTTCACTGGGCTT
GAGTGGAAAGTCCCCTTATTCATCAAATGCAGTTGGTCATGTGTTCAATCTCATTCACTTTGTTGGATGTTATAT
GGGGCAAGTAAGGTCTCTGAATGCAACGGTCATTGCTGGATGTGCTCCTCATGAGATGTCCGTCTTAGGGGGC
TATTTGGGGGAGGAGTTCTTTGGGAAGGGAACGTTCGAAAGAAGATTCTTCAGAGACGAAAAAGAGCTCCAG
GAATATGAGACGGCTGAATTGACAAAGACTGACGTGGCGTTGGCAGATGATGGAACTGTCAATTCAGATGATG
AGGACTACTTCTCCGGTGAAACCAGAAGCCCCGAAGCTGTTTATGCCCGAATCATGATGAACGGAGGCCGACT
AAAGAGATCGCACATACGGAGATATGTTTCTGTCAGCTCCAATCACCAGGCTCGTCCGAACTCATTTGCCGAG
TTTCTAAACAAGACATATTCCAGTGATTCA

G-gene, nt 1575 :

ATGGTTCCTCAGGTTCTTTGGTTTGTACCCCTTCTGGTTTTCTCAATGTGTTTCGGAAAGTTCCCTATCTACACG
ATACCAGACAAACTTGGTCCCTGGAGCCCGATTGACATACATCATCTCAGCTGTCCAAACAACCTGGTTGTAG
AAGATGAAGGATGTACCAACTTGTCGGGTTTCTCCTACATGGAACTTAAGGTGGGATACATTTCAGCCATAAA
AGTAAATGGGTTCACGTGCACAGGTGTGGTGACAGAGGCAGAGACTTACACTAACTTAGTTGGTTATGTTACC
ACCACATTCAAAAGAAAGCATTTCCGCCCAACACCAGATGCATGTCGAGCTGCTTACAACTGGAAGATGGCCG
GTGACCCCAGATATGAAGAATCTTTGCACAATCCGTACCCTGACTACCACTGGCTTCGAACCGTCAAAACCAC
AAAGGAGTCCCTCGTCATCATATCCCCAAGTGTAGCGGACCTGGACCCATATGACAAATCCCTTCACTCGAGG
GTCTTTCCTAGCGGGAAGTGCTCGGGGATAACAATATCATCTACCTACTGCTCTACTAACCATGATTACACAAT
CTGGATGCCCGAGAATCCGAGACTGGGGACATCTTGTGACATCTTTACCAACAGTAGAGGGAAGAGAGCATCC
AAAGGGAGCAAAACTTGCGGATTTGTTGATGAAAGAGGCTTGTATAAGTCTTTGAAAGGGGCATGCAAGCTCA
AGTTGTGTGGGGTTCTTGGCCTTAGACTTATGGATGGAACATGGGTCGCGATGCAAACATCGGACGAGACCAA
GTGGTGTCCCCCTGATCAGTTGGTAAATCTACATGACTTTCGCTCGGACGAGATCGAACATCTCGTTGTAGAGG
AGTTGGTCAAGAAAAGAGAGGAGTGTCTGGATGCACTAGAGTCTATCATGACCACCAAGTCGGTGAGTTTCAG
ACGTCTCAGCCACTTGAGAAAACTTGTCCCTGGGTTCGGAAAAGCATACACCATATTCAACAAAACCCTGATG
GAAGCAGATGCTCATTACAAGTCAGTCAGAACCTGGAATGAGATCATCCCCTCCAAGGGGTGTTTGAGAGTTG
GAGGGAGGTGTCATCCTCACGTGAACGGGGTGTTTTTCAACGGTATAATACTGGGTCCTGATGGCCATGTTCTC
ATCCCAGAGATGCAATCATCCCTCCTTCAGCAGCATATGGAGTTGTTGGAATCCTCAGTTATCCCTCTGATGCA
CCCTTTAGCAGACCCGTCTACAGTTTTCAAGGACGGCGATGAAGCAGAGGATTTTGTCGAGGTTCACCTTCCCG
ATGTACACAAACAAATCTCAGGTGTTGACCTGGGTCTCCCTAACTGGGGAAAGTATGTTTTGGTGAGTGCAGG
GGTCTTGGTTGTCCTGATGTTGGCAATTCTCATAATGACATGTTGCGGAAGAGTAAATCGACCCAAGTCTACAC
AACACAGTCTCGAAGGTACAGGGAGGAAGGTGTCGGTCACTTCCCAGAGCGGGAAGGTCATATCTTCATGGG
AGTCATATAAGAGCGGGGGTGAGACCAGACTGTGA

Figura 17: Análise da sequência do vírus da raiva

Amostra n.o 18: Isolado 3878-77, Tipo de amostra Cérebro (no cartão FTA), Espécie Cabra, Origem Bhaktapur, Data de colheita 25/2/2010

N-gene, nt 1350 :

ATGGATGCCGACAAGATTGTATTCAAAGTCAATAATCAGGTGGTCTCTTTGAAGCCTGAGATTATCGTGGATC
AATATGAGTACAAGTACCCTGCTATCAAGGACTTGAAGAAGCCCAGTATCACCCTAGGGAAAGCCCCCGATTT
GAACAAGGCATACAAGTCAGTCTTATCAGGTTTGAATGCTGCCAAGCTTGATCCTGATGATGTATGTTCCTACT
TGGCAGCTGCGATGCAGTTCTTCGAGGGGACATGTCCTGAAGACTGGACCAGCTATGGGATCTTGATTGCACG
AAAAGGAGATAAGATCACCCCGGATTCTCTTGTGGAGATAAAGCGTACTGATGTAGAAGGGAATTGGGCTTTG
ACGGGGGGGATGGAACTGACGAGGGACCCCACTGTTCCTGAGCATGCGTCTTTAGTCGGTCTTCTCTTGAGCCT
GTATAGGCTGAGCAAGATATCTGGGCAAAACACCGGTAACTATAAAACAAATATTGCAGATAGGATAGAGCA
GATTTTCGAGACAGCCCCTTTTATTAAAATCGTAGAACACCATACTCTAATGACAACTCACAAGATGTGTGCCA
ATTGGAGTACGATACCAAACTTCAGATTTTTGGCAGGGACCTACGACATGTTTTTCTCTCGGATTGAGCACCTG
TATTCAGCGATTAGAGTAGGCACAGTAGTCACTGCTTATGAGGACTGCTCGGGGCTGGTGTCGTTTACTGGGTT
CATAAAACAGATAAATCTCACTGCAAGGGAAGCAATACTGTATTTCTTCCACAAGAACTTCGAGGAAGAGATA
AGAAGAATGTTTGAGCCAGGGCAAGAGACAGCTGTTCCTCACTCCTATTTCATTCACTTCCGTTCACTGGGCTT
GAGTGGAAAGTCCCCTTATTCATCAAATGCAGTTGGTCATGTGTTCAATCTCATTCACTTTGTTGGATGTTATAT
GGGGCAAGTAAGGTCTCTGAATGCAACGGTCATTGCTGGATGTGCTCCTCATGAGATGTCCGTCTTAGGGGGC
TATTTGGGGGAGGAGTTTTTTGGGAAGGGAACGTTCGAAAGAAGATTCTTCAGAGACGAAAAAGAGCTCCAG
GAATATGAGACGGCTGAATTGACAAAGACTGACGTGGCGCTGGCAGATGATGGAACTGTCAATTCAGATGAT
GAGGACTACTTCTCCGGTGAAACCAGAAGCCCCGAAGCTGTTTATGCCCGAATCATGATGAACGGAGGCCGAC
TAAAGAGATCGCACATACGGAGATATGTTTCTGTCAGCTCCAATCACCAGGCTCGTCCGAACTCATTTGCCGA
GTTTCTAAACAAGACGTATTCCAGTGATTCA

G-gene, nt 1575 :

ATGGTTCCTCAGGTTCTTTGGTTTGTACCCCTTCTGGTTTTCTCAATGTGTTTCGGAAAGTTCCCTATCTACACG
ATACCAGACAAACTTGGTCCCTGGAGCCCGATTGACATACATCATCTCAGCTGTCCAAACAACCTGGTTGTAG
AAGATGAAGGATGTACCAACTTGTCGGGTTTCTCCTACATGGAACTTAAGGTGGGATACATTTCAGCCATAAA
AGTAAATGGGTTCACGTGTACAGGTGTGGTGACAGAGGCAGAGACTTACACTAACTTTGTTGGTTATGTTACC
ACCACGTTCAAAAGAAAGCATTTCCGCCCAACACCAGATGCATGTCGAGCTGCTTACAACTGGAAGATGGCCG
GTGACCCCAGATATGAAGAATCTTTGCACAATCCGTACCCTGACTACCACTGGCTTCGAACCGTCAAAACCAC
AAAGGAGTCCCTCGTCATCATATCCCCAAGTGTAGCGGACCTGGACCCATATGACAAATCCCTTCACTCGAGG
GTCTTTCCTAGCGGGAAGTGCTCGGGGATAACAATATCATCTACCTACTGCTCTACTAACCATGATTACACAAT
CTGGATGCCCGAGAATCCGAGACTGGGGACATCTTGTGACATCTTTACCAACAGTAGAGGGAAGAGAGCATCT
AAAGGGAGCAAAACTTGCGGATTTGTTGATGAAAGAGGCTTGTATAAGTCTTTGAAAGGGGCATGCAAGCTCA
AGTTGTGTGGGGTTCTTGGCCTTAGACTTATGGATGGAACATGGGTCGCGATGCAAACATCGGACGAGACCAA
GTGGTGTCCCCCTGATCAGTTGGTAAATCTACATGACTTTCGCTCGGACGAGATCGAACATCTCGTTGTAGAGG
AGTTGGTCAAGAAAAGAGAGGAGTGTCTGGATGCACTAGAGTCTATCATGACCACCAAGTCGGTGAGTTTCAG
ACGTCTCAGCCACTTGAGAAAACTTGTCCCTGGGTTCGGAAAAGCATACACCATATTCAACAAAACCCTGATG
GAAGCAGATGCTCATTACAAGTCAGTCAGAACCTGGAATGAGATCATCCCCTCCAAGGGGTGTTTGAGAGTTG
GAGGGAGGTGTCATCCTCACGTGAACGGGGTGTTTTTCAACGGTATAATACTGGGTCCTGATGGCCATGTTCTC
ATCCCAGAGATGCAATCATCCCTCCTTCAGCAGCATATGGAGTTGTTGGAATCCTCAGTTATCCCTCTGATGCA
CCCTTTAGCAGACCCGTCTACAGTTTTCAAGGACGGCGATGAAGCAGAGGATTTTGTCGAGGTTCACCTTCCCG
ATGTACACAAACAAATCTCAGGTGTTGACCTGGGTCTCCCTAACTGGGGAAAGTATGTTTTGGTGAGTGCAGG
GGTCTTGGTTGTCCTGATGTTGGCAATTTTCATAATGACATGTTGCGGAAGAGTAAATCGACCCAAGTCTACAC
AACACAGTCTCGAAGGTACAGGGAGGAAGGTGTCGGTCACTTCCCAGAGCGGGAAGGTCATATCTTCATGGG
AGTCATATAAGAGCGGGGGTGAGACCAGACTGTGA

Figura 18: Análise da sequência do vírus da raiva

Amostra n.o 19: Isolado 3878-78, Tipo de amostra Cérebro (no cartão FTA), Espécie Cabra, Origem Makwanpur, Data de colheita 28/8/2010

N-gene, nt 1350 :

ATGGATGCCGATAAGATTGTATTCAAAGTCAATAATCAGGTGGTCTCTCTGAAGCCTGAGATTATCGTGGATC
AATATGAGTACAAATACCCTGCTATCAAGGACTTGAAGAAGCCCAGTATTACCCTAGGGAAAGCCCCCGATTT
AAACAAAGCATACAAGTCAGTTTTATCAGGTTTGAATGCTGCCAAGCTTGATCCTGATGATGTATGTTCCTACT
TAGCAGCTGCGATGCAGTTCTTTGAAGGGACATGTCCTGAAGATTGGACCAGCTACGGGATCTTGATCGCAAG
AAAAGGAGATAAGATCACCCCAGATTCTCTTGTAGAGATAAAGCGTACTGATGTAGAAGGAAATTGGGCTTTG
ACGGGAGGAATGGAACTGACGAGGGACCCCACTGTTCCCGAGCATGCGTCTTTAGTCGGTCTTCTCTTGAGTCT
GTATAGGCTGAGCAAAATATCTGGGCAAAACACAGGTAACTATAAAACGAATATTGCAGATAGGATAGAGCA
GATCTTCGAGACAGCCCCTTTTATTAAAATCGTGGAACACCATACTCTGATGACAACTCACAAAATGTGTGCCA
ATTGGAGTACTATACCAAACTTCAGATTCCTGGCAGGGACCTACGACATGTTTTTCTCTCGGATTGAGCACCTG
TATTCAGCGATCAGAGTAGGCACGGTAGTCACTGCCTATGAGGACTGCTCGGGGCTGGTGTCGTTTACTGGGTT
CATAAAGCAGATAAATCTTACTGCAAGGGAAGCAATACTATATTTCTTCCACAAAAACTTCGAGGAAGAGATA
AGAAGAATGTTTGAGCCGGGGCAAGAGACAGCTGTTCCTCACTCCTATTTCATTCACTTCCGTTCCCTGGGCTT
GAGTGGGAAGTCCCCTTATTCATCAAATGCAGTTGGGCATGTGTTCAATCTCATTCACTTTGTTGGATGCTACA
TGGGGCAAGTAAGGTCCCTGAATGCAACGGTCATTGCCGGATGTGCTCCTCATGAGATGTCTGTTTTAGGGGG
CTATTTAGGGGAGGAGTTTTTCGGGAAGGGAACGTTCGAAAGGAGATTCTTCAGAGACGAAAAAGAACTTCA
AGAATATGAGACGGCAGAATTGACAAAGACTGACGTAGCGCTGGCAGATGATGGAACTGTCAATTCGGATGA
CGAGGACTACTTCTCCGGTGAAACCAGAAGCCCCGAAGCTGTTTATGCTCGAATCATGATGAACGGAGGCCGA
CTAAAGAGATCGCACATACGGAGATATGTTTCAGTCAGCTCCAATCACCAAGCTCGTCCGAACTCATTTGCCG
AGTTTCTAAATAAGACATATTCTAGTGACTCA

G-gene, nt 1575:

ATGGTTCCTCAGGTTCTTTTGTTTGTACCCCTTCTGGCTTTCTCAATGTGTTTCGGGAAATTCCCTATCTATACG
ATACCAGACAAACTTGGTCCCTGGAGCCCGATTGACATACATCATCTCAGCTGTCCAAACAACCTGGTTGTGG
AAGATGAGGGATGCACTAACTTGTCGGGTTTCTCCTACATGGAACTTAAGGTGGGATACATCTCGGCCATAAA
AGTAAACGGGTTCACGTGCACAGGTGTGGTGACAGAGGCAGAGACTTACACTAACTTTGTCGGTTATGTTACC
ACCACATTCAAAAGAAAGCATTTCCGCCCAACACCAGATGCATGTCGAGCTGCTTACAACTGGAAGATGGCAG
GTGACCCCAGATATGAAGAATCGCTGCACAATCCGTACCCTGACTACCACTGGCTTCGAACCGTCAAAACCAC
AAAGGAGTCCCTCGTCATCATATCCCCAAGTGTAGCGGATCTGGACCCATACGACAAATCCCTTCATTCGAGG
GTCTTTCCTAGCGGGAAGTGCTCGGGAATAACAATATCATCTACTTACTGCTCTACTAACCATGATTACACAAT
CTGGATGCCCGAGAATCCGAGACTGGGGACATCTTGTGACATCTTCACCAACAGTAGAGGGAAGAGAGCATCC
AAAGGGGGTAAAACTTGCGGATTCGTTGATGAAAGAGGCTTGTATAAGTCTTTGAAAGGGGCATGCAAACTCA
AGTTGTGTGGAGTTCTCGGCCTTAGACTTATGGATGGAACGTGGGTTGCGATGCAAACATCGGACGAAACCAA
GTGGTGTCCTCCTGATCAGTTGGTAAATCTACACGACTTTCGCTCGGACGAGATCGAACATCTTGTTGTGGAGG
AGTTGGTCAAGAAAAGAGAGGAGTGTCTGGATGCACTAGAGTCCATCATGACCACCAAGTCGGTGAGTTTCAG
ACGTCTCAGCCACTTGAGAAAACTTGTCCCCGGGTTCGGGAAAGCATACACCATATTCAACAAAACCTTGATG
GAAGCAGATGCCCATTACAAGTCAGTCCGAACCTGGAATGAAATCATCCCCTCGAAAGGGTGTTTGAGAGTTG
GAGGGAGGTGTCATCCTCACGTAAAGGGGGTGTTTTTTAACGGTATAATACTAGGTCCTGACGGCCATGTTCTA
ATCCCAGAGATGCAATCATCCCTCCTTCAGCAGCATATGGAGTTGTTGGAATCCTCAGTTATCCCCCTGATGCA
CCCTTTAGCAGACCCGTCTACAGTTTTCAAGGACGGTGATGAAGCAGAGGATTTTGTTGAGGTTCACCTTCCCG
ACGTGCACAAACAAATTTCAGGTGTTGACCTGGGTCTCCCCAGCTGGGGAAAGTATGTTTTGGTGAGTGCAGG
GGTTTTGGTTGTCCTGATGCTGACAATTTTCATAATAACATGTTGCGGAAGAGTCCATCGACCCAAGTCTACAC
AACACGGTCTCGGGGGGACAGGGAGGAAGGTGTCGGTCACTTCCCAAAGCGGGAAGGTCATATCTTCATGGG
AGTCATACAAGAGTGGGGGTGAGACCAGACTGTGA

Figura 19: Análise da sequência do vírus da raiva

Amostra n.o 20: Isolado 09031NEP, Tipo de amostra Cérebro, Espécie Cão, Origem Katmandu, Data de colheita 8/9/2008

N-gene, nt 1350 :

ATGGATGCCGACAAGATTGTATTCAAAGTCAATAATCAGGTGGTCTCTTTGAAGCCTGAGATTATCGTGGATC
AATATGAGTACAAGTACCCTGCTATCAAGGACTTGAAGAAGCCCAGTATCACCCTAGGGAAAGCCCCCGATTT
GAACAAGGCATACAAGTCAGTCTTATCAGGTTTGAATGCTGCCAAGCTTGATCCTGATGATGTATGTTCCTACT
TGGCAGCTGCGATGCAGTTCTTCGAGGGGACATGTCCTGAAGACTGGACCAGCTATGGGATCTTGATTGCACG
AAAAGGAGATAAGATCACCCCGGATTCTCTTGTGGAGATAAAGCGTACTGATGTAGAAGGGAATTGGGCTTTG
ACGGGGGGGATGGAACTGACGAGGGACCCCACTGTTCCTGAGCATGCGTCTTTAGTCGGTCTTCTCTTGAGCCT
GTATAGGCTGAGCAAGATATCTGGGCAAAACACCGGTAACTATAAAACAAATATTGCAGATAGGATAGAGCA
GATTTTCGAGACAGCCCCTTTTATTAAAATCGTAGAACACCATACTCTAATGACAACTCACAAGATGTGTGCCA
ATTGGAGTACGATACCAAACTTCAGATTCTTGGCAGGGACCTACGACATGTTTTTCTCTCGGATTGAGCACCTG
TATTCAGCGATTAGAGTAGGCACAGTAGTCACTGCTTATGAGGACTGCTCGGGGCTGGTGTCGTTTACTGGGTT
CATAAAACAGATAAATCTCACTGCAAGGGAAGCAATACTGTATTTCTTCCACAAGAACTTCGAGGAAGAAATA
AGAAGAATGTTTGAGCCAGGGCAAGAGACAGCTGTTCCTCACTCCTATTTCATTCACTTCCGTTCACTGGGCTT
GAGTGGAAAGTCCCCTTATTCATCAAATGCAGTTGGTCATGTGTTCAATCTCATTCACTTTGTTGGATGTTATAT
GGGGCAAGTAAGGTCTCTGAATGCAACGGTCATTGCTGGATGTGCTCCTCATGAGATGTCCGTCTTAGGGGGC
TATTTGGGGGAGGAGTTTTTGGGAAGGGAACGTTCGAAAGAAGATTCTTCAGAGACGAAAAAGAGCTCCAG
GAATATGAGACGGCTGAATTGACAAAGACTGACGTGGCGCTGGCAGATGATGGAACTGTCAATTCAGATGAT
GAGGACTACTTCTCCGGTGAAACCAGAAGCCCCGAAGCTGTTTATGCCCGAATCATGATGAACGGAGGCCGAC
TAAAGAGATCGCACATACGGAGATATGTTTCTGTCAGCTCCAATCACCAGGCTCGTCCGAACTCATTTGCCGA
GTTTCTAAACAAGACGTATTCCAGTGATTCA

G-gene, nt 1575

ATGGTTCCTCAGGTTCTTTGGTTTGTACCCCTTCTGGTTTTCTCAATGTGTTTCGGAAAGTTCCCTATCTACACG
ATACCAGACAAACTTGGTCCCTGGAGCCCGATTGACATACATCATCTCAGCTGTCCAAACAACCTGGTTGTAG
AAGATGAAGGATGTACCAACTTGTCGGGTTTCTCCTACATGGAACTTAAGGTGGGATACATTTCAGCCATAAA
AGTAAATGGGTTCACGTGCACAGGTGTGGTGACAGAGGCAGAGACTTACACTAACTTTGTTGGTTATGTTACC
ACCACGTTCAAAAGAAAGCATTTCCGCCCAACACCAGATGCATGTCGAGCTGCTTACAACTGGAAGATGGCCG
GTGACCCCAGATATGAAGAATCTTTGCACAATCCGTACCCTGACTACCACTGGCTTCGAACCGTCAAAACCAC
AAAGGAGTCCCTCGTCATCATATCCCCAAGTGTAGCGGACCTGGACCCATATGACAAATCCCTTCACTCGAGG
GTCTTTCCTAGCGGGAAGTGCTCGGGGATAACAATATCATCTACCTACTGCTCTACTAACCATGATTACACAAT
CTGGATGCCCGAGAATCCGAGACTGGGGACATCTTGTGACATCTTTACCAACAGTAGAGGGAAGAGAGCATCC
AAAGGGAGCAAAACTTGCGGATTTGTTGATGAAAGAGGCTTGTATAAGTCTTTGAAAGGGGCATGCAAGCTCA
AGTTGTGTGGGGTTCTTGGCCTTAGACTTATGGATGGAACATGGGTCGCGATGCAAACATCGGACGAGACCAA
GTGGTGTCCCCCTGATCAGTTGGTAAATCTACATGACTTTCGCTCGGACGAGATCGAACATCTCGTTGTAGAGG
AGTTGGTCAAGAAAAGAGAGGAGTGTCTGGATGCACTAGAGTCTATCATGACCACCAAGTCGGTGAGTTTCAG
ACGTCTCAGCCACTTGAGAAAACTTGTCCCTGGGTTCGGAAAAGCATACACCATATTCAACAAAACCCTGATG
GAAGCAGATGCTCATTACAAGTCAGTCAGAACCTGGAATGAGATCATCCCCTCCAAGGGGTGTTTGAGAGTTG
GAGGGAGGTGTCATCCTCACGTGAACGGGGTGTTTTTCAACGGTATAATACTGGGTCCTGATGGCCATGTTCTC
ATCCCAGAGATGCAATCATCCCTCCTTCAGCAGCATATGGAGTTGTTGGAATCCTCAGTTATCCCTCTGATGCA
CCCTTTAGCAGACCCGTCTACAGTTTTCAAGGACGGCGATGAAGCAGAGGATTTTGTCGAGGTTCACCTTCCCG
ATGTACACAAACAAATCTCAGGTGTTGACCTGGGTCTCCCTAACTGGGGAAAGTATGTTTTGGTGAGTGCAGG
GGTCTTGGTTGTCCTGATGTTGGCAATTTTCATAATGACATGTTGCGGAAGAGTAAATCGACCCAAGTCTACAC
AACACAGTCTCGAAGGTACAGGGAGGAAGGTGTCGGTCACTTCCCAGAGCGGGAAGGTCATATCTTCATGGG
AGTCATATAAGAGCGGGGGTGAGACCAGACTGTGA

Figura 20: Análise da sequência do vírus da raiva

Amostra n.o 21: Isolado 11015NEP, Tipo de amostra Cérebro (no cartão FTA), Espécie Cão, Origem Katmandu, Data de colheita 2/1/2011

N-gene, nt 1350 :

ATGGATGCCGACAAGATTGTATTCAAAGTCAATAATCAGGTGGTCTCTTTGAAGCCTGAGATTATCGTGGATC
AATATGAGTACAAGTACCCTGCTATCAAGGACTTGAAGAAGCCCAGTATCACCCTAGGGAAAGCCCCCGATTT
GAACAAGGCATACAAGTCAGTCTTATCAGGTTTGAATGCTGCCAAGCTTGATCCTGATGATGTATGTTCCTACT
TGGCAGCTGCGATGCAGTTCTTCGAGGGGACATGTCCTGAAGACTGGACCAGCTATGGGATCTTGATTGCACG
AAAAGGAGATAAGATCACCCCGGATTCTCTTGTGGAGATAAAGCGTACTGATGTAGAAGGGAATTGGGCTTTG
ACGGGGGGGATGGAACTGACGAGGGACCCCACTGTTCCTGAGCATGCGTCTTTAGTCGGTCTTCTCTTGAGCCT
GTATAGGCTGAGCAAGATATCTGGGCAAAACACCGGTAACTATAAAACAAATATTGCAGATAGGATAGAGCA
GATTTTCGAGACAGCCCCTTTTATTAAAATCGTAGAACACCATACTCTAATGACAACTCACAAGATGTGTGCCA
ATTGGAGTACGATACCAAACTTCAGATTCTTGGCAGGGACCTACGACATGTTTTTCTCTCGGATTGAGCACCTG
TATTCAGCGATTAGAGTAGGCACAGTAGTCACTGCTTATGAGGACTGCTCGGGGCTGGTGTCGTTTACTGGGTT
CATAAAACAGATAAATCTCACTGCAAGGGAAGCAATACTGTATTTCTTCCACAAGAACTTCGAGGAAGAAATA
AGAAGAATGTTTGAGCCAGGGCAAGAGACAGCTGTTCCTCACTCCTATTTCATTCACTTCCGTTCACTGGGCTT
GAGTGGAAAGTCCCCTTATTCATCAAATGCAGTTGGTCATGTGTTCAATCTCATTCACTTTGTTGGATGTTATAT
GGGGCAAGTAAGGTCTCTGAATGCAACGGTCATTGCTGGATGTGCTCCTCATGAGATGTCCGTCTTAGGGGGC
TATTTGGGGGAGGAGTTTTTTGGGAAGGGAACGTTCGAAAGAAGATTCTTCAGAGACGAAAAAGAGCTCCAG
GAATATGAGACGGCTGAATTGACAAAGACTGACGTGGCGCTGGCAGATGATGGAACTGTCAATTCAGATGAT
GAGGACTACTTCTCCGGTGAAACCAGAAGCCCCGAAGCTGTTTATGCCCGAATCATGATGAACGGAGGCCGAC
TAAAGAGATCGCACATACGGAGATATGTTTCTGTCAGCTCCAATCACCAGGCTCGTCCGAACTCATTTGCCGA
GTTTCTAAACAAGACGTATTCCAGTGATTCA

G-gene, nt 1575

ATGGTTCCTCAGGTTCTTTGGTTTGTACCCCTTCTGGTTTTCTCAATGTGTTTCGGAAAGTTCCCTATCTACACG
ATACCAGACAAACTTGGTCCCTGGAGCCCGATTGACTTACATCATCTCAGCTGTCCAAACAACCTGGTTGTAGA
AGATGAAGGATGTACCAACTTGTCGGGTTTCTCCTACATGGAACTTAAGGTGGGATACATTTCAGCCATAAAA
GTAAATGGGTTCACGTGTACAGGTGTGGTGACAGAGGCAGAGACTTACACTAACTTTGTTGGTTATGTTACCA
CCACGTTCAAAAGAAAGCATTTCCGCCCAACACCAGATGCATGTCGAGCTGCTTACAACTGGAAGATGGCCGG
TGACCCCAGATATGAAGAATCTTTGCACAATCCGTACCCTGACTACCACTGGCTTCGAACCGTCAAAACCACA
AAGGAGTCCCTCGTCATCATATCCCCAAGTGTAGCGGACCTGGACCCATATGACAAATCCCTTCACTCGAGGG
TCTTTCCTAGCGGGAAGTGCTCGGGGATAACAATATCATCTACCTACTGCTCTACTAACCATGATTACACAATC
TGGATGCCCGAGAATCCGAGACTGGGGACATCTTGTGACATCTTTACCAACAGTAGAGGGAAGAGAGCATCTA
AAGGGAGCAAAACTTGCGGATTTGTTGATGAAAGAGGCTTGTATAAGTCTTTGAAAGGGGCATGCAAGCTCAA
GTTGTGTGGGGTTCTTGGCCTTAGACTTATGGATGGAACATGGGTCGCGATGCAAACATCGGACGAGACCAAG
TGGTGTCCCCCTGATCAGTTGGTAAATCTACATGACTTTCGCTCGGACGAGATCGAACATCTCGTTGTAGAGGA
GTTGGTCAAGAAAAGAGAGGAGTGTCTGGATGCACTAGAGTCTATCATGACCACCAAGTCGGTGAGTTTCAGA
CGTCTCAGCCACTTGAGAAAACTTGTCCCTGGGTTCGGAAAAGCATACACCATATTCAACAAAACCCTGATGG
AAGCAGATGCTCATTACAAGTCAGTCAGAACCTGGAATGAGATCATCCCCTCCAAGGGGTGTTTGAGAGTTGG
AGGGAGGTGTCATCCTCACGTGAACGGGGTGTTTTTCAACGGTATAATACTGGGTCCTGATGGCCATGTTCTCA
TCCCAGAGATGCAATCATCCCTCCTTCAGCAGCATATGGAGTTGTTGGAATCCTCAGTTATCCCTCTGATGCAC
CCTTTAGCAGACCCGTCTACAGTTTTCAAGGATGGCGATGAAGCAGAGGATTTTGTCGAGGTTCACCTTCCCGA
TGTACACAAACAAATCTCAGGTGTTGACCTGGGTCTCCCTAACTGGGGAAAGTATGTTTTGGTGAGTGCAGGG
GTCTTGGTTGTCCTGATGTTGGCAATTTTCATAATGACATGTTGCGGAAGAGTAAATCGACCCAAGTCTACACA
ACACAGTCTCGAAGGTACAGGGAGGAAGGTGTCGGTCACTTCCCAGAGCGGGAAGGTCATATCTTCATGGGA
GTCATATAAGAGCGGGGGTGAGACCAGACTGTGA

Figura 21: Análise da sequência do vírus da raiva

Amostra n.o 22: Isolado 11016NEP, Tipo de amostra Cérebro (no cartão FTA), Espécie Cão, Origem Katmandu, Data de colheita 24/1/2011

N-gene, nt 1350 :

ATGGATGCCGACAAGATTGTATTCAAAGTCAATAATCAGGTGGTCTCTTTGAAGCCTGAGATTATCGTGGATC
AATATGAGTACAAGTACCCTGCTATCAAGGACTTGAAGAAGCCCAGTATCACCCTAGGGAAAGCCCCCGATTT
GAACAAGGCATACAAGTCAGTCTTATCAGGTTTGAATGCTGCCAAGCTTGATCCTGATGATGTATGTTCCTACT
TGGCAGCTGCGATGCAGTTCTTCGAGGGGACATGTCCTGAAGACTGGACCAGCTATGGGATCTTGATTGCACG
AAAAGGAGATAAGATCACCCCGGATTCTCTTGTGGAGATAAAGCGTACTGATGTAGAAGGGAATTGGGCTTTG
ACGGGGGGGATGGAACTGACGAGGGACCCCACTGTTCCTGAGCATGCGTCTTTAGTCGGTCTTCTCTTGAGCCT
GTATAGGCTGAGCAAGATATCTGGGCAAAACACCGGTAACTATAAAACAAATATTGCAGATAGGATAGAGCA
GATTTTCGAGACAGCCCCTTTTATTAAAATCGTAGAACACCATACTCTAATGACAACTCACAAGATGTGTGCCA
ATTGGAGTACGATACCAAACTTCAGATTCTTGGCAGGGACCTACGACATGTTTTTCTCTCGGATTGAGCACCTG
TATTCAGCGATTAGAGTAGGCACAGTAGTCACTGCTTATGAGGACTGCTCGGGGCTGGTGTCGTTTACTGGGTT
CATAAAACAGATAAATCTCACTGCAAGGGAAGCAATACTGTATTTCTTCCACAAGAACTTCGAGGAAGAAATA
AGAAGAATGTTTGAGCCAGGGCAAGAGACAGCTGTTCCTCACTCCTATTTCATTCACTTCCGTTCACTGGGCTT
GAGTGGAAAGTCCCCTTATTCATCAAATGCAGTTGGTCATGTGTTCAATCTCATTCACTTTGTTGGATGTTATAT
GGGGCAAGTAAGGTCTCTGAATGCAACGGTCATTGCTGGATGTGCTCCTCATGAGATGTCCGTCTTAGGGGGC
TATTTGGGGGAGGAGTTTTTTGGGAAGGGAACGTTCGAAAGAAGATTCTTCAGAGACGAAAAAGAGCTCCAG
GAATATGAGACGGCTGAATTGACAAAGACTGACGTGGCGCTGGCAGATGATGGAACTGTCAATTCAGATGAT
GAGGACTACTTCTCCGGTGAAACCAGAAGCCCTGAAGCTGTTTATGCCCGAATCATGATGAACGGAGGCCGAC
TAAAGAGATCGCACATACGGAGATATGTTTCTGTCAGCTCCAATCACCAGGCTCGTCCGAACTCATTTGCCGA
GTTTCTAAACAAGACGTATTCCAGTGATTCA

G-gene, nt 1575

ATGGTTCCTCAGGTTCTTTGGTTTGTACCCCTTCTGGTTTTCTCAATGTGTTTCGGAAAGTTCCCTATCTACACG
ATACCAGACAAACTTGGTCCCTGGAGCCCGATTGACATACATCATCTCAGCTGTCCAAACAACCTGGTTGTAG
AAGATGAAGGATGTACCAACTTGTCGGGTTTCTCCTACATGGAACTTAAGGTGGGATACATTTCAGCCATAAA
AGTAAATGGGTTCACGTGCACAGGTGTGGTGACAGAGGCAGAGACTTACACTAACTTTGTTGGTTATGTTACC
ACCACGTTCAAAAGAAAGCATTTCCGCCCAACACCAGATGCATGTCGAGCTGCTTACAACTGGAAGATGGCCG
GTGACCCCAGATATGAAGAATCTTTGCACAATCCGTACCCTGACTACCACTGGCTTCGAACCGTCAAAACCAC
AAAGGAGTCCCTCGTCATCATATCCCCAAGTGTAGCGGACCTGGACCCATATGACAAATCCCTTCACTCGAGG
GTCTTTCCTAGCGGGAAGTGCTCGGGGATAACAATATCATCTACCTACTGCTCTACTAACCATGATTACACAAT
CTGGATGCCCGAGAATCCGAGACTGGGGACATCTTGTGACATCTTTACCAACAGTAGAGGGAAGAGAGCATCC
AAAGGGAGCAAAACTTGCGGATTTGTTGATGAAAGAGGCTTGTATAAGTCTTTGAAAGGGGCATGCAAGCTCA
AGTTGTGTGGGGTTCTTGGCCTTAGACTTATGGATGGAACATGGGTCGCGATGCAAACATCGGACGAGACCAA
GTGGTGTCCCCCTGATCAGTTGGTAAATCTACATGACTTTCGCTCGGACGAGATCGAACATCTCGTTGTAGAGG
AGTTGGTCAAGAAAAGAGAGGAGTGTCTGGATGCACTAGAGTCTATCATGACCACCAAGTCGGTGAGTTTCAG
ACGTCTCAGCCACTTGAGAAAACTTGTCCCTGGGTTCGGAAAAGCATACACCATATTCAACAAAACCCTGATG
GAAGCAGATGCTCATTACAAGTCAGTCAGAACCTGGAATGAGATCATCCCCTCCAAGGGGTGTTTGAGAGTTG
GAGGGAGGTGTCATCCTCACGTGAACGGGGTGTTTTTCAACGGTATAATACTGGGTCCTGATGGCCATGTTCTC
ATCCCAGAGATGCAATCATCCCTCCTTCAGCAGCATATGGAGTTGTTGGAATCCTCAGTTATCCCTCTGATGCA
CCCTTTAGCAGACCCGTCTACAGTTTTCAAGGACGGCGATGAAGCAGAGGATTTTGTCGAGGTTCACCTTCCCG
ATGTACACAAACAAATCTCAGGTGTTGACCTGGGTCTCCCTAACTGGGGAAAGTATGTTTTGGTGAGTGCAGG
GGTCTTGGTTGTCCTGATGTTGGCAATTTTCATAATGACATGTTGCGGAAGAGTAAATCGACCCAAGTCTACAC
AACACAGTCTCGAAGGTACAGGGAGGAAGGTGTCGGTCACTTCCCAAAGCGGGAAGGTCATATCTTCATGGG
AGTCATATAAGAGCGGGGGTGAGACCAGACTGTGA

Figura 22: Análise da sequência do vírus da raiva

Amostra n.o 23: Isolado 11017NEP, Tipo de amostra Cérebro (no cartão FTA), Espécie Cão, Origem Katmandu, Data de colheita 5/2/2011

N-gene, nt 1350 :

ATGGATGCCGACAAGATTGTATTCAAAGTCAATAATCAGGTGGTCTCTTTGAAGCCTGAGATTATCGTGGATC
AATATGAGTACAAGTACCCTGCTATCAAGGACTTGAAGAAGCCCAGTATCACCCTAGGGAAAGCCCCCGATTT
GAACAAGGCATACAAGTCAGTCTTATCAGGTTTGAATGCTGCCAAGCTTGATCCTGATGATGTATGTTCCTACT
TGGCAGCTGCGATGCAGTTCTTCGAGGGGACATGTCCTGAAGACTGGACCAGCTATGGGATCTTGATTGCACG
AAAAGGAGATAAGATCACCCCGGATTCTCTTGTGGAGATAAAGCGTACTGATGTAGAAGGGAATTGGGCTTTG
ACGGGGGGGATGGAACTGACGAGGGACCCCACTGTTCCTGAGCATGCGTCTTTAGTCGGTCTTCTCTTGAGCCT
GTATAGGCTGAGCAAGATATCTGGGCAAAACACCGGTAACTATAAAACAAATATTGCAGATAGGATAGAGCA
GATTTTCGAGACAGCCCCTTTTATTAAAATCGTAGAACACCATACTCTAATGACAACTCACAAGATGTGTGCCA
ATTGGAGTACGATACCAAACTTCAGATTCTTGGCAGGGACCTACGACATGTTTTTCTCTCGGATTGAGCACCTG
TATTCAGCGATTAGAGTAGGCACAGTAGTCACTGCTTATGAGGACTGCTCGGGGCTGGTGTCGTTTACTGGGTT
CATAAAACAGATAAATCTCACTGCAAGGGAAGCAATACTGTATTTCTTCCACAAGAACTTCGAGGAAGAAATA
AGAAGAATGTTTGAGCCAGGGCAAGAGACAGCTGTTCCTCACTCCTATTTCATTCACTTCCGTTCACTGGGCTT
GAGTGGAAAGTCCCCTTATTCATCAAATGCAGTTGGTCATGTGTTCAATCTCATTCACTTTGTTGGATGTTATAT
GGGGCAAGTAAGGTCTCTGAATGCAACGGTCATTGCTGGATGTGCTCCTCATGAGATGTCCGTCTTAGGGGGC
TATTTGGGGGAGGAGTTTTTTGGGAAGGGAACGTTCGAAAGAAGATTCTTCAGAGACGAAAAAGAGCTCCAG
GAATATGAGACGGCTGAATTGACAAAGACTGACGTGGCGCTGGCAGATGATGGAACTGTCAATTCAGATGAT
GAGGACTACTTCTCCGGTGAAACCAGAAGCCCCGAAGCTGTTTATGCCCGAATCATGATGAACGGAGGCCGAC
TAAAGAGATCGCACATACGGAGATATGTTTCTGTCAGCTCCAATCACCAGGCTCGTCCGAACTCATTTGCCGA
GTTTCTAAACAAGACGTATTCCAGTGATTCA

G-gene, nt 1575

ATGGTTCCTCAGGTTCTTTGGTTTGTACCCCTTCTGGTTTTCTCAATGTGTTTCGGAAAGTTCCCTATCTACACG
ATACCAGACAAACTTGGTCCCTGGAGCCCGATTGACATACATCATCTCAGCTGTCCAAACAACCTGGTTGTAG
AAGATGAAGGATGTACCAACTTGTCGGGTTTCTCCTACATGGAACTTAAGGTGGGATACATTTCAGCCATAAA
AGTAAATGGGTTCACGTGTACAGGTGTGGTGACAGAGGCAGAGACTTACACTAACTTTGTTGGTTATGTTACC
ACCACGTTCAAAAGAAAGCATTTCCGCCCAACACCAGATGCATGTCGAGCTGCTTACAACTGGAAGATGGCCG
GTGACCCCAGATATGAAGAATCTTTGCACAATCCGTACCCTGACTACCACTGGCTTCGAACCGTCAAAACCAC
AAAGGAGTCCCTCGTCATCATATCCCCAAGTGTAGCGGACCTGGACCCATATGACAAATCCCTTCACTCGAGG
GTCTTTCCTAGCGGGAAGTGCTCGGGGATAACAATATCATCTACCTACTGCTCTACTAACCATGATTACACAAT
CTGGATGCCCGAGAATCCGAGACTGGGGACATCTTGTGACATCTTTACCAACAGTAGAGGGAAGAGAGCATCT
AAAGGGAGCAAAACTTGCGGATTTGTTGATGAAAGAGGCTTGTATAAGTCTTTGAAAGGGGCATGCAAGCTCA
AGTTGTGTGGGGTTCTCGGCCTTAGACTTATGGATGGAACATGGGTCGCGATGCAAACATCGGACGAGACCAA
GTGGTGTCCCCCTGATCAGTTGGTAAATCTACATGACTTTCGCTCGGACGAGATCGAACATCTCGTTGTAGAGG
AGTTGGTCAAGAAAAGAGAGGAGTGTCTGGATGCACTAGAGTCTATCATGACCACCAAGTCGGTGAGTTTCAG
ACGTCTCAGCCACTTGAGAAAACTTGTCCCTGGGTTCGGAAAAGCATACACCATATTCAACAAAACCCTGATG
GAAGCAGATGCTCATTACAAGTCAGTCAGAACCTGGAATGAGATCATCCCCTCCAAGGGGTGTTTGAGAGTTG
GAGGGAGGTGTCATCCTCACGTGAACGGGGTGTTTTTCAACGGTATAATACTGGGTCCTGATGGCCATGTTCTC
ATCCCAGAGATGCAATCATCCCTCCTTCAGCAGCATATGGAGTTGTTGGAATCCTCAGTTATCCCTCTGATGCA
CCCTTTAGCAGACCCGTCTACAGTTTTCAAGGACGGCGATGAAGCAGAGGATTTTGTCGAGGTTCACCTTCCCG
ATGTACACAAACAAATCTCAGGTGTTGACCTGGGTCTCCCTAACTGGGGAAAGTATGTTTTGGTGAGTGCAGG
GGTCTTGGTTGTCCTGATGTTGGCAATTTTCATAATGACATGTTGCGGAAGAGTAAATCGACCCAAGTCTACAC
AACACAGTCTCGAAGGTACAGGGAGGAAGGTGTCGGTCACTTCCCAGAGCGGGAAGGTCATATCTTCATGGG
AGTCATATAAGAGCGGGGGTGAGACCAGACTGTGA

Figura 23: Análise da sequência do vírus da raiva

Amostra n.o 24: Isolado 09029NEP, Tipo de amostra Cérebro, Espécie Búfalo, Origem Pokhara, Data de colheita 11/7/2003

N-gene, nt 1350 :

ATGGATGCCGACAAGATTGTATTCAAAGTTAATAATCAGGTGGTCTCCTTGAAGCCCGAGATCATTGTAGATC
AGTATGAGTACAAATACCCGGCCATCAAAGACCTGAAGAAACCCAGCATAACCCTAGGGAAGGCTCCTGACTT
AAACAAGGCATACAAATCTGTTTTGTCGGGCATGAATGCTGCCAAGCTTGACCCTGATGATGTGTGCTCCTATT
TAGCAGCTGCAATGCAATTTTTCGAGGGATCCTGTCCTGAGGACTGGACTAGCTATGGAATACTGATCGCACG
GAAAGGGGACAAGATCACTCCAGATTCTCTCGTAGATATAAAGCGCACTGATGTAGAGGGAATTGGGCCCTG
ACCGGAGGAATGGAATTAACGAGGGACCCCACTGTTTCTGAGCATGCATCTCTAGTCGGTCTTCTTTTGAGTCT
GTATCGGTTGAGCAAAATATCGGGGCAAAACACCGGCAATTACAAGACAAACATTGCAGATAGGATAGAGCA
GATTTTTGAGACAGCCCCTTTTGTCAAGATTGTGGAACACCATACTTTGATGACGACTCACAAGATGTGTGCTA
ATTGGAGTACCATACCGAACTTCAGATTCTTAGCTGGAACATACGACATGTTTTTCTCCCGGATTGAGCATCTG
TATTCAGCAATTAGAGTAGGCACAGTTGTTACTGCTTATGAGGACTGCTCAGGGCTGGTGTCGTTTACAGGGTT
CATAAAGCAAATAAATCTTACTGCAAGAGAAGCGATACTGTATTTCTTCCACAAGAACTTTGAGGAGGAGATA
AGGAGAATGTTTGAGCCAGGTCAGGAGACAGCTGTTCCTCATTCCTATTTCATTCACTTTCGTTCATTGGGCCT
AAGCGGTAAGTCCCCGTATTCATCAAATGCAGTCGGCCACGTGTTCAATCTCATCCACTTTGTTGGATGTTATA
TGGGTCAAATCAGATCTCTTAATGCAACGGTTATTGCTGCATGTGCCCCTCATGAGATGTCTGTTCTCGGGGGA
TATCTAGGGGAAGAGTTTTTTGGAAAGGGGACATTTGAAAGAAGATTCTTCAGAGATGAGAAAGAACTTCAAG
AATACGAGGCGGCTGAACTGACGAAGACTGACATTGCATTGGCTGATGACGGAACCGTCAATTCTGATGACGA
GGATTATTTCTCAGGTGAAACCAGGAGTCCTGAAGCTGTTTATACTCGAATCATGATGAACGGAGGTCGATTG
AAAAGATCACACATAAGGAGGTATGTTTCAGTCAGTTCCAATCATCAAGCTCGCCCAAACTCATTCGCAGAGT
TTCTCAACAAGACGTATTCTAGTGACTCA

G-gene, nt 1575

ATGGTCCCTCAGGTTCTCTTGTTTGTGCCCCTTCTAGTGTTCTCACTGTGTTTCGGGAAGTTCCCCATCTACACG
ATACCAGACAAGCTTGGTCCCTGGAGTCCTATTGACATACATCATCTCAGCTGTCCAAACAATTTGGTTGTAGA
GGATGAAGGATGCACCAATCTGTCAGGATTCTCCTACATGGAACTTAAAGTGGGATACATCTCAGCCATAAAA
GTGAATGGCTTTACTTGTACAGGCGTGGTTACAGAGGCAGAGACTTACACTAACTTCGTTGGTTATGTCACTAC
CACGTTTAGAAGAAGGCACTTCCGCCCAACGCCTGATACGTGCAGAGCCGCGTACAACTGGAAACTGGCCGGC
GACCCCAGATATGAAGAGTCCCTACACAATCCATACCCTGATTACCATTGGCTTCGGACTGTGAAAACTACCA
AGGAGTCTCTCGTCATAATATCCCCGAGTGTGGCAGATCTAGATCCCTATGACAAATCCCTTCACTCGAGAGTT
TTTCCCGGCGGAAAGTGCTCCGGGATAACAGTATCTTCCACTTACTGCTCTACTAACCATGATTACACCATATG
GATGCCTGAAAATCCGAGACTAGGGACATCTTGTGACATCTTCGTCAACAGCAGGGGGAAGAGGGCGTCTAA
GGGGGGCAAGACCTGTGGGTTTGTAGATGAGAGAGGCTTGTATAAGTCGCTGAAAGGAGCTTGCAAACTCAA
ATTGTGTGGGGTGCCCGGACTGAGACTTATGGATGGAACGTGGGCTGCGATTCAAACGTCGGATGAGACCAAA
TGGTGCCCCCCTGATCAGCTAGTAAATCTACATGACTTTCGCTCAGATGAAATCGAACATCTAGTCGTGGAAG
AACTGGTCAAGAAAAGAGAGGAGTGCTTAGATGCACTGGAATCCATCATGACTACCAAGTCAGTAAGCTTCAG
ACGTCTCAGTCACTTGAGGAAACTTGTCCCTGGGTTTGGGAAAGCATATACCATATTTAACAAAACCTTGATGG
AGGCCGATGCTCACTATAAGTCGGTCAGGACTTGGAACGAGATCATCCCCTCAAAAGGGTGTCTAAGAGTTGG
GGGGAGATGTCATCCTCATGTGAATGGGGTGTTCTTTAATGGTATAATATTAGGCCCGGACGGCCACGTTCTGA
TCCCGGAAATGCAATCGTCCCTCCTCCAACAACACATGGAGCTGTTGGAATCCTCGGTCATCCCCCTAATGCAT
CCATTGGCAGACCCATCAACAGTTTTCAAAGATGGGGGTGAGGCGGAAGATTTTGTTGAGGTTCACCTTCCGG
ATGTGCACAAACTGATCTCGGGAGTTGACCTTGGTCTTCCCAGCTGGGGGAAGTATGTGCTGATGAGTGCAGG
TGTTTTAACAGCACTGATGTTGATGATTTTCTTGATGACGTGTTGCAGGAGGGGTAATCAAGCAGGGTCAAAA
CAACATGGTCTTGAAGGGACAGGGAGGAAAGTGTCTGTCACTTCCCAGAATGGAAAAGTCATATCCTCATGGG
AGTCATATAAAAGCGGAGGTGAGACCAGGCTGTGA

Figura 24: Análise da sequência do vírus da raiva

Amostra n.o 25: Isolado 11001NEP, Tipo de amostra Cérebro (no cartão FTA), Espécie bovina, Origem Lalitpur, Data de colheita 12/11/2009

N-gene, nt 1350 :

ATGGATGCCGACAAGATTGTATTCAAAGTTAATAATCAGGTGGTCTCCTTGAAGCCCGAGATCATTGTAGATC
AGTATGAGTACAAATACCCGGCCATCAAAGACCTGAAGAAACCTAGCATAACCCTAGGGAAGGCTCCTGACTT
AAACAAGGCATACAAATCTGTTTTGTCGGGCATGAATGCTGCCAAGCTTGACCCTGATGATGTGTGCTCCTATT
TAGCAGCTGCAATGCAATTTTTCGAGGGATCCTGTCCTGAGGACTGGACTAGCTATGGAATACTGATCGCAAG
GAAAGGGGACAAGATCACTCCAGATTCTCTCGTAGATATAAAGCGCACTGATGTAGAGGGGAATTGGGCCCTG
ACCGGAGGAATGGAATTAACGAGGGACCCCACTGTTTCTGAGCATGCGTCTCTAGTCGGTCTTCTCTTGAGTCT
GTATCGGTTGAGCAAGATATCGGGGCAAAACACCGGCAATTACAAGACAAACATTGCAGATAGGATAGAGCA
GATTTTTGAGACAGCCCCTTTTGTTAAGATTGTGGAACACCATACTTTGATGACAACTCACAAGATGTGTGCTA
ATTGGAGTACCATACCGAACTTCAGATTCTTAGCTGGAACATACGACATGTTCTTCTCCCGGATTGAGCATCTG
TATTCCGCAATTAGAGTAGGCACAGTTGTTACTGCTTATGAGGACTGCTCAGGGCTGGTGTCGTTTACAGGGTT
CATAAAGCAAATAAATCTTACTGCAAGAGAAGCGATACTGTATTTCTTCCACAAGAACTTTGAGGAGGAGATA
AGGAGAATGTTTGAGCCAGGTCAGGAGACAGCCGTTCCTCATTCCTATTTCATTCACTTTCGTTCATTGGGCCT
AAGCGGTAAGTCCCCGTATTCATCAAATGCAGTTGGCCACGTGTTCAATCTCATCCACTTTGTTGGATGTTATA
TGGGTCAAGTCAGATCTCTTAATGCAACGGTTATTGCTGCATGTGCCCCTCATGAGATGTCTGTTCTCGGGGGA
TATCTAGGAGAAGAGTTTTTTGGAAAGGGGACATTTGAGAGAAGATTCTTCAGAGATGAGAAAGAACTTCAAG
AATACGAGGCGGCTGAACTGACGAAGACTGACATTGCATTGGCTGATGACGGAACCGTCAACTCTGATGACGA
GGATTACTTTTCAGGTGAAACCAGGAGTCCTGAAGCTGTTTATACTCGAATCATGATGAATGGAGGTCGATTG
AAAAGATCACACATAAGGAGGTATGTTTCAGTCAGTTCCAATCATCAAGCTCGCCCAAACTCATTCGCAGAGT
TTCTCAACAAGACGTATTCTAGTGACTCA

G-gene, nt 1575

ATGGTCCCTCAGGTTCTCTTGTTTGTGCCCCTTCTAGTGTTCTCTCTGTGTTTCGGGAAGTTCCCCATCTACACG
ATACCAGACAAGCTTGGTCCCTGGAGTCCTATTGACATACATCATCTCAGCTGTCCAAACAATTTGGTTGTAGA
GGATGAAGGATGCACCAATCTGTCAGGATTCTCCTACATGGAACTTAAAGTGGGATACATCTCAGCCATAAAA
GTGAATGGCTTTACTTGTACAGGCGTGGTTACAGAGGCAGAGACTTACACTAACTTCGTTGGTTATGTCACTAC
CACGTTTAGAAGAAAGCACTTCCGCCCAACGCCTGATGCGTGCAGAGCCGCATACAACTGGAAACTGGCCGGC
GACCCCAGATATGAAGAGTCCCTACACAATCCATACCCTGATTACCATTGGCTTCGGACTGTGAAAACTACCA
AGGAGTCTCTCGTCATAATATCCCCGAGTGTGGCAGATCTAGATCCCTATGACAAATCCCTTCACTCGAGAGTT
TTTCCCGGCGGAAAGTGCTCCGGAATAACAGTATCTTCCACTTACTGCTCTACTAACCATGATTACACCATCTG
GATGCCTGAAAATCCGAGACTAGGGACATCTTGTGACATCTTCGTCAACAGCAGGGGGAAGAGGGCGTCTAA
GGGGGGCAAGACCTGTGGGTTTGTAGATGAGAGAGGCTTGTATAAGTCGCTAAAAGGAGCTTGCAAACTCAA
ATTGTGTGGGGTGCCCGGACTGAGACTTATGGATGGAACATGGGCTGCGATTCAAACGTCAGATGAGACCAAA
TGGTGCCCCCCTGATCAGTTAGTAAATCTACATGATTTTCGCTCAGATGAAATCGAACATCTAGTCGTGGAAGA
ACTGGTCAAGAAAAGAGAGGAGTGCTTAGATGCACTGGAATCCATCATGACCACCAAGTCAGTAAGCTTCAG
ACGTCTCAGTCACTTGAGGAAACTTGTCCCTGGGTTTGGGAAAGCATATACCATATTCAACAAAACCTTGATG
GAGGCCGATGCTCACTATAAGTCGGTCAGGACTTGGAACGAGATCATCCCCTCAAAAGGGTGTCTAAGAGTTG
GGGGGAGATGTCATCCTCATGTGAATGGGGTGTTCTTTAATGGTATAATATTAGGCCCGGACGGCCATGTTCTG
ATCCCGGAAATGCAATCGTCCCTCCTCCAACAACACATGGAGCTGTTGGAATCCTCGGTCATCCCCCTAATGCA
TCCATTGGCAGACCCATCAACAGTTTTCAAAGATGGGGATGAGGCGGAAGATTTTGTTGAGGTTCACCTTCCG
GATGTGCACAAACTGATCTCGGGAGTTGACCTTGGTCTTCCCAGCTGGGGGAAGTATGTGTTGATGAGTGCAG
GTGTTTTAACAGCACTGATGTTGATGATTTTCTTGATGACGTGTTGCAGAAGGGGTAATCAAGCAGGGTCAAA
ACAACATGGTCTTGAACGGACAGGGAGGAAAGTGTCTGTCACTTCCCAGAATGGAAAAGTCATATCCTCATGG
GAGTCATATAAAAGCGGAGGTGAGACCAGGCTGTGA

Figura 25: Análise da sequência do vírus da raiva

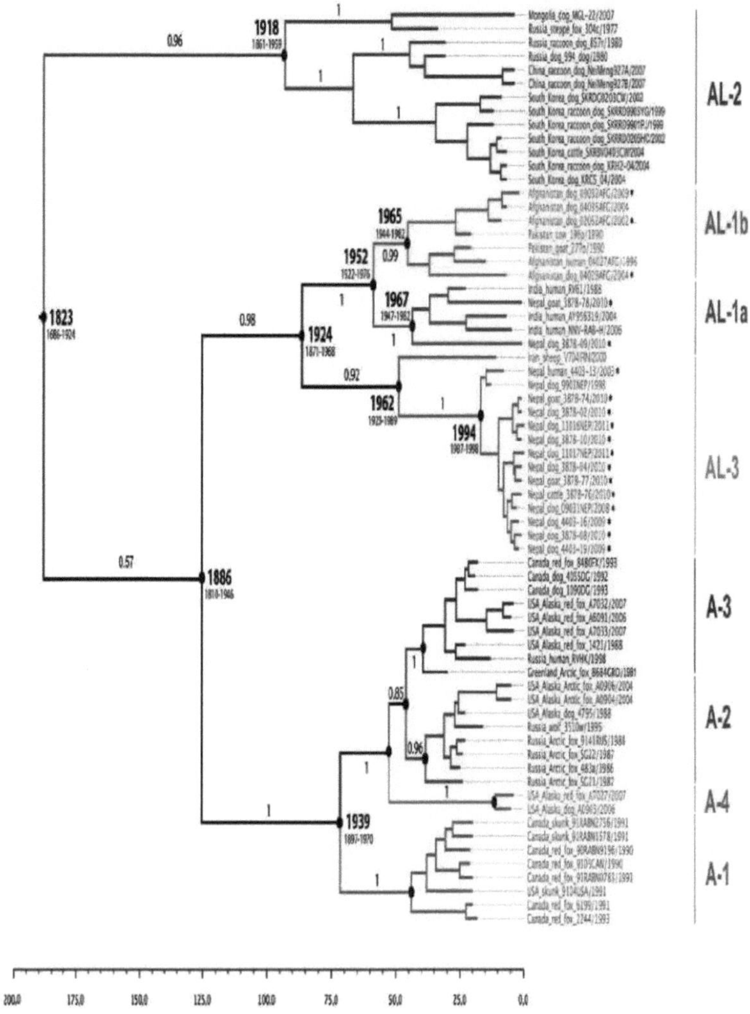

Figura 26: Descrição da análise filogenética

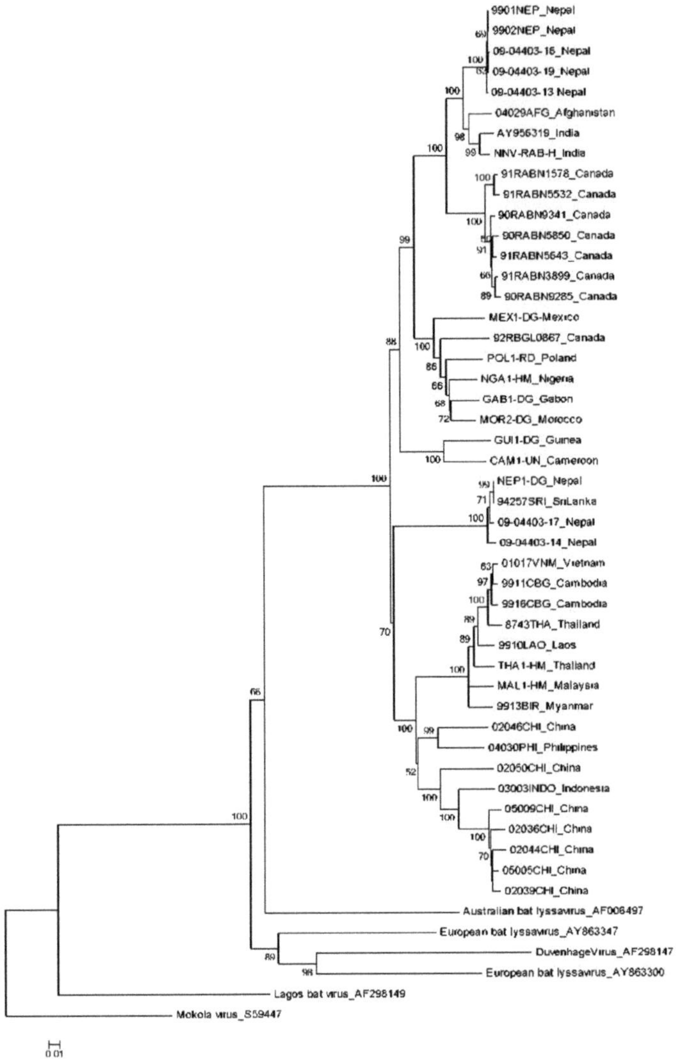

Figura 27: Gene G do vírus da raiva

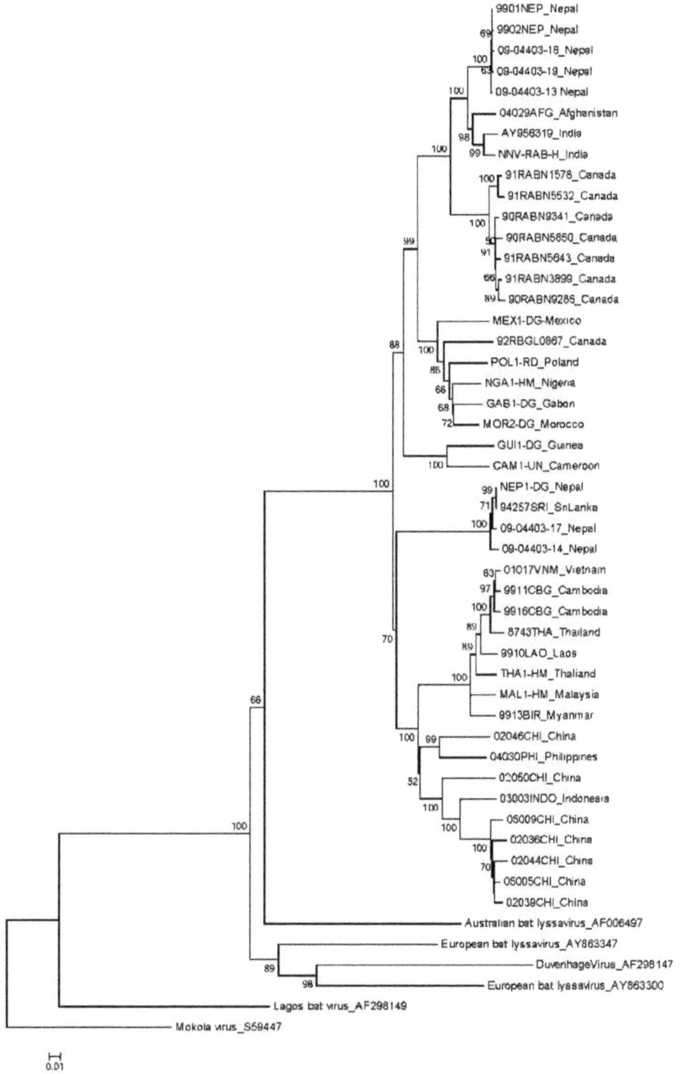

Figura 28: Gene N do vírus da raiva

No presente estudo, foram identificados dois clados filogenéticos de RABV no Nepal, o subcontinente indiano e os clados relacionados com o Ártico, bem como a presença de dois subclados relacionados com o Ártico, AL-1 e AL-3. O clado RABV do subcontinente indiano contém vírus filogeneticamente relacionados do Sri Lanka e da Índia (principalmente das regiões meridionais), para além dos isolados nepaleses descritos neste estudo (Arai *et al.*, 2001; Jayakumar *et al.*, 2004; Matsumoto *et al.*, 2011; Nagarajan *et al.*, 2009; Nanayakkara *et al.*, 2003). Um estudo anterior, baseado nas sequências completas do gene N de vários vírus do Sri Lanka e de apenas um isolado indiano, sugeriu que ambos divergiram do seu antepassado comum por volta do ano 1854 (95% HPD 1760-1918) (Matsumoto *et al.*, 2011). No entanto, o grande intervalo de tempo associado a esta estimativa indica que este resultado precisa claramente de ser confirmado num conjunto de dados de sequências mais vasto, que deve incluir os vírus do Nepal. A descrição anterior de um único isolado de RABV nepalês, V120, sugeriu que esta linhagem já estava presente no Nepal em 1989 (Badrane *et al.*, 2001). Esta

caraterização de mais cinco vírus do Nepal isolados entre 2003 e 2009 confirmou que este subgrupo regional distinto de vírus da clade do subcontinente indiano tem circulado no Nepal pelo menos nos últimos 24 anos. O clado do RABV relacionado com o Ártico foi relativamente bem descrito com a caraterização do RABV da Rússia (Kuzmin *et al.*, 2008), do Alasca (Nadin *et al.*, 2012) e da Índia (Nadin *et al.*, 2007) em estudos recentes. Este clado surgiu e disseminou-se há relativamente pouco tempo, com o antepassado comum mais recente datado de há cerca de 200 anos (Nadin *et al.*, 2012). Este clado relacionado com o Ártico inclui os chamados subclados Ártico e Ártico-like. Embora já se soubesse que o RABV pertencente à subclasse do tipo ártico circulava no Nepal (Bourhy *et al.*, 2008; Nadin *et al.*, 2007), este estudo identificou pela primeira vez a presença de duas subclasses do RABV do tipo ártico (AL-1 e AL-3) neste país. Dentro da subclasse AL-1, foram identificados dois isolados nepaleses pertencentes à linhagem AL-1a, que englobava estirpes de vírus da Índia, mas também, provavelmente, do Bangladesh e do Butão, embora, para este último, a informação filogenética contida apenas em sequências parciais do gene N disponíveis em bases de dados públicas não fosse suficientemente informativa para classificar as estirpes nas linhagens AL-1a ou AL-1b (Jamil *et al.*, 2012; Tenzin *et al.*, 2011). Este grupo representa o principal filogrupo do RABV que circula atualmente na Índia, o país que forma a maior fronteira imediata com o Nepal (Nadin *et al.*, 2012; Reddy *et al.*, 2011).
Neste grupo, os vírus originários do Nepal e da Índia estavam intercalados, o que sugere a existência de movimento de animais domésticos infectados com VRAI entre estes países. Isto adiciona evidências que sugerem a existência de um grau de disseminação transfronteiriça do VRAI a longa distância, mediada por seres humanos, como também foi relatado anteriormente em África e hipotetizado em alguns países do Sudeste Asiático (Denduangboripant *et al.*, 2005; Susetya *et al.*, 2008). A elevada prevalência de raiva na Índia foi sugerida como uma fonte importante de surtos de raiva nas regiões vizinhas (Nadin *et al.*, 2012). De facto, existem trocas comerciais entre o Nepal e a Índia, para além da circulação de pessoas para fins turísticos ou religiosos. A segunda linhagem AL-1b incluiu isolados intercalados originários do Afeganistão e do Paquistão. Um único isolado indiano recolhido em Jodhpur também tinha sido associado a este agrupamento, reflectindo uma provável translocação deste vírus a partir da fronteira paquistanesa (Nadin *et al.*, 2012). No entanto, esta estirpe não foi incluída neste estudo devido à ausência de uma sequência completa do gene N disponível publicamente (Pant *et al.*, 2013b).
O grupo predominante de vírus nepaleses deste estudo pertencia a um novo subgrupo de tipo ártico designado por AL-3. Este filogrupo partilhava um antepassado comum com o subgrupo AL-1 que remontava a 1924 (95%, HPD 1871-1968), diferindo de uma estimativa anterior de há apenas 50 anos (Nadin *et al.*, 2012). Dentro desta subclasse AL-3, apenas um único vírus (V704IRN) da região do extremo nordeste do Irão não era originário do Nepal (Nadin *et al.*, 2003). Um estudo anterior e a nossa atual análise alargada posicionaram este isolado como um outlier imediato estável do grupo nepalês (Nadin *et al.*, 2012).
Pode ser uma indicação de que a sua origem pode ser um RABV derivado da Ásia Central relacionado com o Ártico (Larkin *et al.*, 2007). Surpreendentemente, as filogenias dos genes N e G demonstraram que o grupo de isolados nepaleses AL-3, que incluía amostras recolhidas de 2003 a 2011, surgiu em meados da década de 1990, utilizando o "software" BEAST. Este software foi utilizado para estimar a análise evolutiva e para prever o tempo até aos antepassados mais recentes (TMRCA) em anos. Uma árvore de credibilidade máxima de clado (MCC) utilizando o método Bayesiano Markov Chain Monte Carlo (MCMC) também estava disponível no pacote BEAST. As árvores de máxima credibilidade de clado classificaram as sequências nos subgrupos AL 1, AL 2, AL 3 e no subcontinente indiano na análise BEAST e estimaram a evolução do vírus Arctic Like. O subclado AL 1 divergiu mais tarde em duas linhagens AL 1a (TMRCA 1967, 95% HPD, 1947-1982) que englobava isolados da Índia e do Nepal e AL 1b (TMRCA 1965, 95% HPD, 1944-1982) que incluía vírus do Paquistão e do Afeganistão. A subdivisão da subclade AL 3 em dois ramos foi claramente evidente, um representado apenas por um único isolado iraniano colhido no extremo leste do país e o segundo ramo distinto englobando apenas um isolado de RABV do Nepal com TAMARA estimado em 1994 (95% HPD, 1987-1998). A elevada homologia genética destes isolados para os genes N e G apoia a disseminação recente e rápida desta sub-classe filogenética no Nepal. A falta de estabilidade política em países como o Nepal é conhecida por representar uma grande desvantagem para a implementação de programas de controlo eficazes da raiva. Isto é particularmente verdade no caso da raiva, que exige uma abordagem totalmente integrada para conseguir o seu controlo (Lembo *et al.*, 2011; Lembo 2012; Tenzin & Ward 2012). Atualmente, faltam no Nepal vários componentes críticos para atingir este objetivo, tais como um forte compromisso político, a implementação de um programa nacional coordenado de vigilância e controlo da raiva, recursos financeiros dedicados e sensibilização e notificação geral ou generalizada do público. Factores semelhantes foram associados à propagação do VRAI da raposa na Europa após a segunda guerra mundial (Bourhy *et al.*, 1999), e à elevada incidência da raiva nas regiões mais afectadas do mundo, que englobam os países com rendimentos mais baixos, como a África subsariana e alguns países do sudeste asiático (Dodet 2009; Tenzin & Ward, 2012).

O recente aparecimento de vírus AL-3 no Nepal ilustra ainda mais como a epidemiologia da raiva pode mudar rapidamente num país e que uma nova variante do VRAI pode espalhar-se rapidamente num país enzoótico com pelo menos duas outras variantes genotípicas já presentes. Uma estirpe de vacina contra a raiva utilizada no Nepal foi também caracterizada filogeneticamente e verificou-se que estava estreitamente relacionada com outra estirpe de vacina de França (isolado 93127FRA) dentro do clado Cosmopolitan do VRAI, confirmando assim a sua origem histórica do Instituto Pasteur, Paris. Esta estirpe vacinal apresentava 97% de semelhança entre a sequência proteica e a nucleoproteína dos vírus nepaleses, tanto no clado do tipo ártico como no do subcontinente indiano, enquanto a glicoproteína da estirpe vacinal apresentava 91-92% de semelhança com estes vírus nepaleses. No entanto, a proteção cruzada de isolados pertencentes à espécie RABV no género Lyssavirus é bastante ampla e os estudos demonstraram que as vacinas candidatas induzem uma imunidade protetora contra muitas estirpes de raiva variadas (Brookes *et al.*, 2005; Lodmell *et al.*, 1995). Por conseguinte, este estudo apoiará a produção de vacinas contra a raiva para uso humano e o programa de controlo da raiva no Nepal. Recentemente, foi produzido no Nepal um lote experimental de vacina para uso humano com uma potência de 3,8 UI/dose, utilizando esta estirpe de vacina, o que constituiu um resultado significativo deste estudo de investigação (Pant *et al.*, 2014).

Com base na análise das sequências completas dos genes N e G de todos os vírus RABV disponíveis do Nepal, todos foram filogeneticamente relacionados à raiva canina, independentemente da linhagem. Este estudo não revelou a existência de um ciclo epidemiológico silvestre da raiva no Nepal, como sugerido anteriormente (Gongal, 2006). Em particular, os vírus de duas amostras colhidas de mangustos, 3878-5 e 9903NEP, eram indistinguíveis dos vírus provenientes de cães ou de animais de criação, e poderiam provavelmente ser provenientes de transmissões indirectas da raiva canina. No entanto, esta observação tem de ser alargada e confirmada num maior número de amostras de raiva de animais selvagens recolhidas em diferentes partes do país. Barreiras físicas, como montanhas e rios, influenciam o conjunto genético de vírus que circulam numa região, como já foi salientado em diferentes contextos (Biek *et al.*, 2007; Brunker *et al.*, 2012; Bourhy *et al.*, 2008; Bourhy *et al.*, 1999). O Nepal é constituído por 75 distritos classificados como de alto risco (terreno baixo), risco moderado (terreno montanhoso) e baixo risco (terreno montanhoso) para a infeção por raiva e é também dominado a norte pela cordilheira do Grande Himalaia. Esta barreira natural entre o Nepal e a China contribui possivelmente para a ausência no Nepal de RABV dos clados asiático ou cosmopolita (Meng *et al.*, 2010), embora uma representação geográfica extensa da raiva no Nepal continue a ser difícil de alcançar devido às dificuldades de transporte e a outros factores contributivos. A amostra nepalesa de RABV examinada neste estudo teve origem em sete distritos diferentes, todos classificados nas regiões de risco moderado do país. Este facto pode explicar a distribuição não correlacionada das diferentes linhagens de VRAI no Nepal, tanto no mesmo distrito como em vários distritos do país. Além disso, a interferência humana no sentido de facilitar o movimento de cães e outros hospedeiros potenciais da Raiva para diferentes locais negaria quaisquer barreiras impostas pelo terreno moderado. Particularmente, este estudo demonstrou a existência de movimento da linhagem AL-1a relacionada com o VRAB através das fronteiras da Índia e do Nepal.

Os estudos evolutivos contribuíram para o conhecimento recente do clado relacionado com o Ártico, especialmente no que se refere à diversificação temporal e regional do subclado semelhante ao Ártico, e os estudos futuros do VRAI no subcontinente indiano poderiam elucidar melhor a altura da introdução destes vírus no Nepal. O VRAI é uma preocupação constante em muitos países em desenvolvimento, como o Nepal, e o aumento do conhecimento da dinâmica e da epidemiologia do VRAI nestas regiões contribuiria para o desenvolvimento de estratégias de sensibilização do público e de controlo da doença. A confirmação de que o cão doméstico é o principal reservatório e vetor da raiva no Nepal é importante para a implementação futura de programas de vigilância e eliminação dedicados a esta doença.

Atualmente, a incidência notificada de raiva continua a ser largamente subestimada no Nepal. A vigilância ativa da raiva em animais domésticos e selvagens deve ser aumentada e alargada a todos os diferentes distritos, numa tentativa de obter a imagem mais completa da epidemiologia da doença no país e de poder identificar a substituição espácio-temporal de linhagens e as causas epidemiológicas. A implementação de um programa de vigilância deste tipo representa um objetivo exequível, graças à presença de uma vasta rede de serviços veterinários locais (75 serviços distritais de pecuária e 999 centros de serviços de pecuária) em todo o país. No entanto, será necessário um esforço para treinar o pessoal técnico na vigilância da Raiva e nas condições de transporte de amostras, muitas vezes difíceis. Paralelamente, a incidência de quase 100 mortes humanas por ano no Nepal tem de ser avaliada com maior precisão, uma vez que também parece estar largamente subestimada (Fooks, 2005). Estão agora disponíveis técnicas laboratoriais validadas que contribuirão para uma perceção mais exacta da incidência e propagação da raiva humana nos países em desenvolvimento (Dacheux *et al.*, 2010). Esta informação continua a ser um passo fundamental para a implementação de medidas de controlo em países endémicos como o Nepal, contribuindo para alcançar o objetivo final de eliminação desta doença negligenciada (Lembo, 2012; Lembo *et al.*, 2011)

4.3. Qualidade e eficácia da vacina anti-rábica de cultura celular

Após a produção da vacina, os testes de qualidade, tais como a titulação do vírus, a inativação em linha celular, a inativação em ratos, o teste de esterilidade para bactérias e fungos em meios, a toxicidade em ratos, a especificidade, o teste de pH, o teste de malha, o teste de coloração e o ED50 foram realizados no RVPL no Nepal. O teste de potência foi efectuado no Nancy Laboratory for rabies and Wild Life, em França, e a resposta de anticorpos em ratos vacinados foi realizada por RFFIT no Changchun Veterinary Research Institute, na China. O título do vírus no fluido da vacina antes da inativação foi de $10^{8.5}$ TCID 50/0,1 ml. O ED 50 do título da vacina foi de 1:72 quando desafiado com CVS 500 LD50 /0,03 ml no teste NIH. O título da vacina foi de 3,8 UI/dose quando testada no laboratório de raiva e vida selvagem de Nancy, em França. Os ratos vacinados desenvolveram um título de anticorpos no soro em 14 dias, ao passo que o soro dos ratos não vacinados não revelou qualquer título de anticorpos. Não se registou qualquer alteração nos caldos de Thoglycolate e Sabouraud até 14 dias após a inoculação da vacina no teste de esterilidade. O teste de coloração não revelou a presença de partículas estranhas em 30 campos das amostras. O pH da amostra situou-se entre 6,8 e 7,4. Ocorreu um efeito citopático no controlo positivo, que esteve ausente no controlo negativo e nas amostras do teste de inativação celular em 1st e 2nd geração. Todos os ratinhos estavam vivos e não manifestaram quaisquer sintomas clínicos até 14 dias após a injeção da vacina no teste de inativação. Do mesmo modo, todos os ratinhos estavam vivos e saudáveis até 14 dias após a injeção da vacina no teste de toxicidade. No teste de especificidade, a cor, o volume, as substâncias estranhas, o odor, a tampa e a qualidade do recipiente foram observados por inspeção visual à luz eléctrica num local escuro. A cor da vacina era clara como a água. Não foram observadas substâncias estranhas, tais como fios, pequenas partículas metálicas e partículas celulares. O recipiente da vacina estava corretamente selado e rachado. No teste da malha, não foi encontrado nada sobre a malha. Todos os ratos vacinados que foram infectados com o vírus de campo (cérebro de cão positivo para o vírus da raiva colhido em Katmandu em 2011 e identificado como clado AL 3) antes da vacina estavam vivos e normais, mas todos os ratos não vacinados morreram no prazo de 14 dias após a infeção. Este resultado justifica a eficácia da vacina na profilaxia pós-exposição.

Quadro 9: Resultado do teste de qualidade da vacina

S.N.	Descrição do teste	Resultado do teste
1	Titulação do vírus	10 8.5 TCID 50/0
2	Inativação em células BHK BSR	Ausência de CPE
3	Inativação em ratos	Ausência de sinais clínicos e morte
4	Esterilidade em meios de tioglicolato	Ausência de crescimento bacteriano
5	Esterilidade em meio Sabouraud	Ausência de crescimento de fungos
6	Especificidade por inspeção visual	Transparente sem partículas visíveis

7	Teste de pH utilizando papel de pH	7.2
8	Ensaio de malha	Ausência de sedimentos
9	Teste de coloração	Ausência de bactérias
10	ED50 em ratos	1:72
11	Teste de potência em ratos	3,8 UI/dose
12	Título de anticorpos em ratinhos vacinados	0,5 UI/ml de soro
13	Teste de vacina para profilaxia pós-exposição	Todos os ratos vacinados estavam vivos e os ratos não vacinados estavam mortos

A potência da vacina foi de 3,8 UI/dose de vacina e a potência mínima da vacina humana deve ser de 2,5 UI/dose humana única de acordo com a OMS, (2005). O título de anticorpos em ratinhos vacinados foi de 1,5 UI/ml de soro no teste RFFIT realizado no CVRI, China. A OMS (2010) recomendou que o título de anticorpos neutralizantes do vírus em humanos vacinados deve ser superior a 0,5 UI/ml de sangue. Os resultados de outros testes de qualidade, como os testes de inativação, toxicidade, segurança, especificidade, esterilidade e pH, foram considerados satisfatórios. Este é o primeiro relatório sobre o notável desenvolvimento da produção de CCV para uso humano no Nepal. É necessário melhorar o protocolo para produzir uma vacina anti-rábica segura, pura e potente no Nepal. Atualmente, a RVPL tem de produzir 3 lotes de vacina com uma potência semelhante, de acordo com as diretrizes da OMS. A vacina comercial será produzida e disponibilizada no mercado após a obtenção de resultados satisfatórios nos testes pré-clínicos e clínicos da vacina.

Conclusões e recomendações

Conclusões

A raiva foi considerada uma das doenças mais perigosas, endémicas e prioritárias no Nepal. Este estudo revelou que se registaram 236 surtos e 401 mortes de animais entre 2010 e 2012. A prevalência da raiva foi registada em bovinos, búfalos, cães, cabras, porcos e mangustos. O maior número de casos foi registado em cães (141) e o menor em suínos (10). Os surtos de raiva ocorreram durante todo o ano. Os números de surtos foram mais elevados (36) em junho e mais baixos (9) em setembro. A raiva foi notificada em 44 distritos e o número de surtos foi mais elevado (19) em Kanchanpur e os casos mais elevados registaram-se em Kailali (65). O número de surtos (58) e de casos (143) foi mais elevado em 2010. A prevalência da raiva foi mais elevada no cão e mais baixa no porco. O cão desempenhou um papel importante na transmissão da raiva, contribuindo com 92,2% do risco de transmissão. Outros animais, como o gato, o macaco, o chacal e o mangusto, tiveram um papel de 7,8% na transmissão da raiva. A virulência do vírus selvagem em termos de LD 50 foi medida pela primeira vez no Nepal. A DL 50 do vírus da raiva selvagem do Nepal foi de $10^{3.5}$ /0,03ml.

O resultado da análise molecular laboratorial efectuada em 25 amostras (24 amostras de cérebro e 1 vírus de vacina de sementes) recolhidas entre 2003 e 2011 mostrou que 5 amostras de cérebro eram positivas para clados do subcontinente indiano e 19 amostras eram positivas para clados relacionados com o Ártico. Entre os 19 clados relacionados com o Ártico, 2 isolados de vírus foram caracterizados como AL-1a e 17 isolados foram caracterizados como subclado AL-3. Dois clados, o do subcontinente indiano e o AL-1a, foram detectados e registados pela primeira vez no Nepal.

O vírus da raiva de semente do Nepal foi caracterizado como um clado cosmopolita historicamente originário do Instituto Pasteur de Paris. A vacina inactivada de cultura celular produzida no Nepal utilizando o vírus de semente foi considerada muito eficaz e potente. Pela primeira vez, foi produzida no Nepal uma vacina potente para uso humano com 3,8 UI/dose.

Recomendações

O Programa Nacional de Vigilância da Raiva para eliminar a raiva é necessário através da recolha de um número significativo de amostras suspeitas de raiva de animais domésticos e selvagens representando todas as localizações geográficas.

Devem ser introduzidas instalações laboratoriais para o diagnóstico da raiva em cinco CVR e os técnicos de laboratório devem receber formação sobre a recolha de amostras e os testes laboratoriais. No entanto, as amostras positivas devem ser reconfirmadas pelo FAT no CVL. A virulência do vírus da raiva de campo representativo dos 3 clados identificados deve ser testada no futuro.

Os dados epidemiológicos devem ser comparados com os resultados laboratoriais confirmados das amostras clínicas. As amostras clínicas de animais suspeitos devem ser colhidas e confirmadas em laboratório.

Devem ser reforçadas as instalações de produção de vacinas contra a raiva em cultura celular para humanos e animais. A quantidade e a qualidade da vacina devem ser aumentadas para satisfazer a procura nacional e o controlo sustentável da raiva. A estirpe de vacina atualmente testada deve ser utilizada para produzir vacinas para humanos no Nepal. A eficácia da vacina deve também ser testada desafiando todos os tipos de estirpes ou clados de vírus de campo identificados.

O caso de raiva humana deve ser confirmado em laboratório através da recolha de uma amostra clínica.

A vacinação regular em massa de cães e gatos deve ser rigorosamente aplicada, seguida da identificação e certificação dos animais vacinados.

Recomenda-se o trabalho de investigação em colaboração com institutos nacionais e internacionais.

Resumo

A raiva é uma doença endémica e prioritária no Nepal, tendo-se propagado por todo o país. Registaram-se 236 surtos e 401 mortes de animais entre 2010 e 2012. A prevalência da raiva foi registada em bovinos, búfalos, cães, cabras, porcos e mangustos. O maior número de casos foi registado em cães (141) e o menor em suínos (10). Os surtos de raiva ocorreram durante todo o ano. Os números de surtos foram mais elevados (36) em junho e mais baixos (9) em setembro. A raiva foi notificada em 44 distritos e o número de surtos foi mais elevado (19) em Kanchanpur e os casos mais elevados registaram-se em Kailali (65). O número de surtos (58) e de casos (143) foi mais elevado em 2010. A prevalência da raiva foi mais elevada nos cães e mais baixa nos suínos. Foram efectuadas análises laboratoriais em 25 amostras (24 amostras de cérebro e 1 semente de vírus vacinal) colhidas entre 2003 e 2011. Das 24 amostras de cérebro, 5 foram positivas para clados do subcontinente indiano e 19 amostras foram positivas para clados relacionados com o Ártico. Entre os 19 clados relacionados com o Ártico, 2 isolados de vírus foram caracterizados como AL-1a e 17 isolados foram caracterizados como subclado AL-3. Dois clados do subcontinente indiano e AL-1a foram detectados e registados pela primeira vez no Nepal. O vírus da raiva das sementes foi caracterizado como clado cosmopolita. O desenvolvimento de uma vacina anti-rábica inactivada em cultura celular para uso humano é um trabalho notável deste estudo de investigação. A potência da vacina desenvolvida foi de 3,8 UI/dose pela primeira vez no Nepal. É necessário um programa nacional de vigilância da raiva para obter informações sobre a doença e controlar a raiva no país. Recomenda-se o reforço do serviço de diagnóstico da raiva e da capacidade de produção de vacinas. É necessária a produção de vacinas seguras, potentes e puras contra a raiva humana para minimizar a elevada letalidade dos casos neste país devido à indisponibilidade de vacinas contra a raiva. Recomenda-se a vacinação regular em massa de cães, cobrindo pelo menos 70% da população. O controlo da raiva é possível através da sensibilização do público e de um programa coordenado apoiado pelas partes interessadas governamentais e privadas.

Referências

Amengual, B., Whitby, J.E., King, A., Cobo, S. & Bourhy, H. (1997). Evolution of European bat Lyssaviruses. *Journal of General Virology*, 78: 2319-2328

Andrew, M.Q., King, E.L., Michael, J.A & Eric, B.C. (2011). *Virus Taxonomy*, Londres, Elesvier/Academic Press 696 p.

Arai, Y.T., Takahashi H., Kameoka Y., Shiino T. & Wimalaratne O. (2001) Characterization of Sri Lanka rabies virus isolates using nucleotide sequence analysis of nucleoprotein gene. *Ata Virology,* 45, 327-333.

Badrane, H., Bahloule C., Perrin P. & Tordo N. (2001). Evidência de dois filogrupos de Lyssavirus com patogenicidade e imunogenicidade distintas. *Journal of Virology,* 75, 3268-3276.

Balogh, de K., Dominguez M., Zombou S. M., Siembieda J., Hanna de N. & Zigeser j. (2011). Impacto da raiva animal na economia local. *Compêndio da Conferência Mundial da OIE sobre o Controlo da Raiva*, 7-9 de setembro de 2011, Incheon-Seol Replubic of Korea, pp 117-122.

Barrat, J. (1992). Diagnóstico experimental da raiva. Adaptações às condições de campo e tropicais. *Actas do SEARG*, 72-83.

Barrat, J. & Aubert M.F.A. (1995). Diagnostic de la rage animale en France de 1991 à 1993, bilan de CNEVA laboratoire d'études sur la rage et la pathologie des animaux sauvages en France. *Revue Méd. Vét.,* 146, 561-566.

Barrat, J. (1993) ELISA system for rabies antigen detection (Sistema ELISA para deteção do antigénio da raiva). Proceeding of the Southern, Eastern African rabies Group IPietermaritzburg, África do Sul, 20-30 de abril de 1993, 152-155.

Barrat, J. & Blancou J. (1988). Technique simplifiée de prélèvement, de conditionnement et d'expédition de matière cérébrale pour le diagnostic de rage. *Doc.WHO/ Rabies Research,* 88, 27.

Biek, R., Henderson J.C., Waller L. A., Rupprecht C. E. & Real L. A. (2007) A high-resolution genetic signature of demographic and spatial expansion in epizootic rabies virus. *Proceeding of National Academy of Science,* 104, 79937998.

Bingham, J. & Vander M. M. (2002). Distribuição do antigénio da raiva em material cerebral infetado: determinação da fiabilidade de diferentes regiões do cérebro para o teste de anticorpos fluorescentes da raiva. *Journal of Virology Methods,* 101, 85-94.

Blancou, J., Soria B. R., Molli I. & Stolz J.F. (1991). Tratamento eficaz pós-exposição de ovinos infectados com raiva com imunoglobulina e vacina contra a raiva. *Vaccine* 9, 432-437.

Bogel, K. & Motschwiller E. (1986). Incidence of rabies and post-exposure treatment in developing countries (Incidência da raiva e tratamento pós-exposição em países em desenvolvimento). *Boletim da Organização Mundial da Saúde,* 64 (6), 883-887.

Boggild, A.K., Costiniuk C., Kain K.C. & Pandey P. (2007) Environmental hazards in Nepal: altitude illness, environmental exposures, injuries, and bites in travelers and expatriates. *Journal of Travel Medicine,* 14, 361-368.

Bourhy, H. (1989). Avaliação comparativa no terreno do teste de anticorpos fluorescentes, do isolamento do vírus a partir de cultura de tecidos e do diagnóstico imune enzimático para o diagnóstico rápido da raiva. *Journal of clinical Microbiology,* 27, 519-513.

Bourhy, H., Kissi B., Audry L., Smreczak M. & Sadkowska T. M. (1999) Ecology and evolution of rabies virus in Europe. *Journal of Virology,* 80, 25452557.

Bourhy, H., Kissi B. & Tordo N. (1993) Molecular diversity of the Lyssavirus genus. *Virologia,* 194, 70-81.

Bourhy, H., Reynes J.M., Dunham E.J., Dacheux L. & Larrous F (2008) The origin and phylogeography of dog rabies virus. *Journal of Virology,* 89, 26732681.

Brookes, S.M., Parsons G., Johnson N., McElhinney L.M. & Fooks A.R. (2005) Rabieshuman diploid cell vaccine elicits cross-neutralising and cross-protecting immuneresponses against European and Australian bat lyssaviruses. *Vaccine*, 23, 4101-4109.

Brochier, B., Kieny, M.P., Costy, F. & Coppens, P. (1991). Erradicação da raiva em grande escala utilizando a vacina recombinante do vírus da raiva. *Nature,* 19-26 de dezembro; 354 (6354):520-2.

Brunker, K., Hampson K., Horton D. & Biek R (2012) Integrando a epidemiologia e a genética dos vírus RNA: a raiva em cães domésticos como modelo. *Parasitologia,* 1-15.

Laboratório Veterinário Central, (2012-2013) Relatório Técnico Anual, Laboratório Veterinário Central, Katmandu pp-16.
Centro de Controlo e Prevenção de Doenças (2011). Compêndio de Prevenção e Controlo da Raiva Animal, Recomendações e Relatórios / Vol.60 / No.6
Clifton, M. (2011). Como erradicar a raiva canina: uma perspetiva dos esforços históricos. *Biomedicina Asiática,* 5 (4), 559-568.
Cliquest, F., Aubert, M. & Sagne, L. (1998). Desenvolvimento do teste de neutralização do vírus por anticorpos fluorescentes (FAVN) para a quantificação do anticorpo neutralizante da raiva, Journal of Immunological methods, 1; 212 (1): 79-87
Dacheux, L., Delmas, O. & Bourhy, H. (2011). Prevenção da encefalite da raiva humana e progresso do tratamento desde a descoberta de Pasteur/s. *Infect Disord Drug Targets,* 11: 251-299.
Dacheux, L., Wacharapluesadee S., Hemachudha T., Meslin F.X. & Buchy P. (2010) Uma visão mais precisa da incidência da raiva humana nos países em desenvolvimento através de técnicas laboratoriais validadas. *PLoS Neglected Tropical Disease,* 4, e765.
Delmas, O., Holmes E.C., Talbi C., Larrous F. & Dacheux L. (2008) Genomic diversity and evolution of the lyssaviruses. PLoS One 3, e2057.
Denduangboripant, J., Wacharapluesadee S., Lumlertdacha B., Ruankaew N. & Hoonsuwan W. (2005) Transmission dynamics of rabies virus in Thailand: implications for disease control. *BMC Infectious Disease*, 5, 52.
Direção da Saúde Animal (2013). Relatório técnico anual. Direção da Saúde Animal, Tripureshwor, Catmandu, pp. 7.
Dodet, B. (2009) A luta contra a raiva em África: Do reconhecimento à ação. *Vaccine,* 27, 5027-5032.
Drummond, A. J. & Rambaut A. (2007) BEAST: Análise evolutiva bayesiana por amostragem de árvores. *BMC Evolutionary Biology*, 7, 214.
Farmacopeia Europeia (1985). Vaccinium rabei inactivatum e usum veterinarium. Vacina anti-rábica inactivada para uso veterinário. Farmacopeia Europeia, 2ª edição. Parte 11 (9), 45.
Fauquet, C.M. & Fargette, D. (2005). Comité Internacional de Taxonomia de vírus e as 3.142 espécies. *Jornal de Virologia,* 2: 64.
Fooks, A.R. (2005) Rabies remains a 'neglected disease'. *European Surveillance,* 10, 1-2.
Fooks, A.R., Johnson N., Freuling C.M., Wakeley P.R., Banyard A.C., McElhinney L.M., Marston D.A., Dastjerdi A., Wright E., Weiss R. A. & Miller T. (2009). Tecnologias emergentes para a deteção do vírus da raiva: desafios e esperanças no século XXI. *PLoS Negected Tropical. Disease*, 3, e530.
Fooks, A.R., McElhinney L. M., Horton D., Banyard A.C., Johnson N., Marston D., Freuling C., Hoffmann B., Tu C., Gardiner C.F., Sabeta C.T., Cliquet F., Muller t. & Rupprecht C.E. (2011). Ferramenta molecular para o diagnóstico da raiva em animais. *Compêndio da Conferência Mundial da OIE sobre o Controlo da Raiva,* 7-9 de setembro de 2011, Incheon-Seol Replubic of Korea, pp 75-85.
Geering, W.A., Forman A.J. & Nunn M.J. (1995). Rabies. Exotic Disease of Animals, a field guide for Australian veterinarians, Australian Government Publishing Service, Camberra, pp. 203-2017.
Gongal, G.N. (2006). The epidemiological trend of animal rabies in Nepal and future control strategy (A tendência epidemiológica da raiva animal no Nepal e a futura estratégia de controlo). *Journal of the Association for Prevention and Control of Rabies in India*, 8, 65-71.
Hanlon, C.A., Kujimin I.V., Blanton J.D., Weldon W.C., Manangan J.S. & Rupprecht C. E. (2005). Efficacy of rabies biologics against new lyssaviruses from Eurasia. *Virus Research,* 111, 44-54.
Hemachudha, T. & Wacharapluesadee, S. (2004). Ante-mortem diagnosis of human rabies (Diagnóstico ante-mortem da raiva humana). *Clinical Infectious Disease,* 39: 1085-1086.
Hirose, J.A., Bourhy, H. & Sureau, P. (1991). Retro-orbital route for the collection of brain specimens for rabies diagnosis. *Veterinary Record,* 129: 291292.
Hooper, D.C., Morimoto K., Betee M., Weihe E., Koprowski H. & Ietzschold B. (1998). Colaboração de anticorpos e inflamação na eliminação do vírus da raiva do sistema nervoso central. *Journal of Virology*. 72, 3711-3719.
Hummeler, A.H. & Koprowski, H. ((1969). *Nature* (Londres), 221, 418.

Jamil, K.M., Ahmed K., Hossain M., Matsumoto T. & Ali M. A. (2012) Vírus da raiva semelhante ao do Ártico, Bangladesh. *Doenças Infecciosas Emergentes,* 18, 2021-2024.
Jayakumar, R., Tirumurugaan K.G., Ganga G., Kumanan K. & Mahalinga N. A. (2004) Characterization of nucleoprotein gene sequence of an Indian isolate of rabies virus. *Ata Virology,* 48, 47-50.
Kalpan, M.M., Wiktor, T. & Koprowski, H. (1996). *Boletim da Organização Mundial de Saúde,* 34, 293.
Kang, B., Oh J., Lee C., Park B.K., Park Y., Hong K., Lee K., Cho B. & Song D. (2007). Avaliação de um kit de teste rápido de imunodiagnóstico para o vírus da raiva. *Journal of Virology Methods,* 145, 30-36.
Kato, M., Yamamoto H., Inukai Y. & Kira S. (2003). Estudo da população de cães vadios e do programa de educação para a saúde sobre a prevenção de mordeduras de cães e infecções adquiridas por cães: um estudo comparativo no Nepal e na Prefeitura de Okayama, Japão. *Ata Medicine Okayama,* 57 (5), 261-6.
Kiney, M. P., Lahe, R., Drillien, R., Spehner, D., Skory S., Schmitt, D., Wiktor, D., Koprowski, H. & Lecocq, J.P. (1994). Expressão da glicoproteína da raiva a partir de um vírus vacinal recombinante. Nature Nov 8-14; 321 (9590):163-6.
Knobel, D.L., Cleaveland S., Coleman P.G., Fevre E.M., Meltzer M.I., Miranda M.E., Shaw A., Zinsstag J. & Meslin F.X. (2005). Reavaliando a carga da Raiva na África e Ásia. *Bulletin of World Health Organization*, 2005 May; 83 (5), 360-8.
Kuzmin, I.V., Hughes G.J., Botvinkin A.D., Gribencha S.G.& Rupprecht C.E. (2008) Arctic and Arctic-like rabies viruses: distribution, phylogeny and evolutionary history. *Epidemiology Infection*, 136, 509-519.
Larkin M.A., Blackshields G., Brown N.P., Chenna R., McGettigan P.A. Clustal W. & Clustal X. (2007) versão 2.0. *Bioinformatics*, 23, 2947-2948.
Lembo T. (2012). The blueprint for rabies prevention and control: a novel operational tool kit for rabies elimination. *PLoS Neglected Tropical Disease,* 6, e1388.
Lembo, T., Attlan M., Bourhy H., Cleaveland S. & Costa P. (2011) Renewed global partnerships and redesigned roadmaps for rabies prevention and control. *Veterinary Medicine,* 2011, 923149.
Lembo, T., Niezgoda M., Velasco V. A., Cleaveland S., Ernest E. & Rupprecht C.E. (2006). Avaliação de um teste imunohistoquímico direto e rápido para o diagnóstico da raiva. *Emerging Infectious Disease*, 12 (2), 310-313.
Lodmell, D.L., Smith J.S., Esposito J.J. & Ewalt L. C. (1995) Cross-protection of mice against a global spectrum of rabies virus variants. *Journal of Virology*, 69, 4957-4962.
Ly, S., Buchy, P., Heng, N.Y., Ong, S., Chhor, N., Bouhry, H. & Vong S. (2009). Situação da Raiva no Camboja, PLOS Neglected Tropical Disease 3 (9): e511.
Mansfield, K. L., Racloz V., McElhinney L. M., Marston D. A. & Johnson N. (2006) Molecular epidemiological study of Arctic rabies virus isolates from Greenland and comparison with isolates from throughout the Arctic and Baltic regions. *Virus Research,* 116, 1-10.
Matsumoto, T., Ahmed K., Wimalaratne O., Yamada K. & Nanayakkara S. (2011) Whole-genome analysis of a human rabies virus from Sri Lanka. *Archives of Virology,* 156, 659-669.
McColl, K.A., Tordo, N. &Setine, A.A. 2000. Bat *Lyssavirus* infection. *Rev. Sci. Tech. Off. Int. Epizoot.*19:177-196
Meng, S., Xu G., Wu X., Lei Y. & Yan J. (2010) Transmission dynamics of rabies in China over the last 40 years: 1969-2009. *Journal of Clinical Virology,* 49, 47-52.
Meng, S. L., Yan J. X., Xu G. L., Nadin D. S. A. & Ming P.G. (2007) A molecular epidemiological study targeting the glycoprotein gene of rabies virus isolates from China. *Virus Research,* 124, 125-138.
Meslin, F.X., Kaplan, M.M. & Koprowski, H. eds. (1996). Laboratory techniques in rabies, 4th edition, Organização Mundial de Saúde, Genebra.
Montano, H. J. A., Bourhy H. & Sureau P. (1991). Retro-orbital route for brain specimen collection for rabies diagnosis. *Veterinary Research,* 129, 291-292.
Montagnon, B. & Fanget B. (1996). Purified Vero cell vaccine for humans. Laboratory techniques in rabies, Organização Mundial de Saúde, Genebra, 4ª edição, pp 285-289.
Nadin-Davis, S.A., Sheen M.& Wandeler A. I. (2012) Emergência recente da linhagem do vírus da raiva do Ártico. *Virus Research,* 163, 352-362.

Nadin-Davis, SA, Turner G, Paul JP, Madhusudana SN & Wandeler AI (2007) Emergência de uma linhagem de raiva semelhante à do Ártico na Índia. *Emerging Infectious Disease,* 13, 111-116.
Nadin-Davis, S. A., Simani S., Armstrong J., Fayaz A. & Wandeler A. I. (2003) A caraterização molecular e antigénica de vírus da raiva do Irão identifica variantes com origens epidemiológicas distintas. *Epidemiology Infection,* 131, 777790.
Nagaraja, T., Madhusudana S. & Desai A. (2008) Caracterização molecular do genoma completo de um isolado do vírus da raiva da Índia. *Virus Genes* 36, 449459.
Nagarajan, T., Nagendrakumar S. B., Mohanasubramanian B., Rajalakshmi S. & Hanumantha N. R. (2009) Phylogenetic analysis of nucleoprotein gene of dog rabies virus isolates from Southern India. *Infection, Genetics and Evolution,* 9, 976-982.
Nanayakkara, S., Smith J. S. & Rupprecht C.E. (2003) Rabies in Sri Lanka: splendid isolation. *Emerging Infectious Disease,* 9, 368-371.
Nel, H.A. & Markotter, W. (2007). Lyssaviruses. Revisões críticas em microbiologia 33 (4): 301-24.
Pandey, P., Shlim D.R., Cave W. & Springer M.F. (2002). Risk of possible exposure to rabies among tourists and foreign residents in Nepal (Risco de possível exposição à raiva entre turistas e residentes estrangeiros no Nepal). *Journal of Travel Medicine,* 9, 127-31.
Pant, G.R., Shrestha M.N., Mahargan M., Ghimire S.R., Rai T.B., Ide S. & Bhatta D.R. (2014). Produção de vacina contra a raiva em cultura de células para uso humano no Nepal. *Jornal Veterinário do Nepal,* 3, 66-69.
Pant, G.R., Horton D. & Fooks A.R. (2013 a). Antibody response in ruminants against inactivated cell culture rabies vaccine in Nepal, *Proceding of scientific presentation and conference information, 11th Conference of Nepal Veterinary Association* (VETCON' 14) pp10.
Pant, G.R., Lavenir I. R., Wong F.Y.K., Certoma A., Larrous F., Bhatta D.R., Bourhy H., Stevens V. & L Dacheux L. (2013b). Emergência recente e disseminação de uma linhagem filogenética relacionada ao Ártico do vírus da raiva no Nepal. *PLOS Doenças Tropicais Negligenciadas,* 7 (11) pp 1-11.
Pant, G.R. (2013c). Progresso na produção de vacinas contra a raiva no Nepal, conferência internacional Modern Vaccine and Adjuvant Formulation 2013, realizada em Lausanne, Suíça, de 15 a 17 de maio de 2013.
Pant, G.R. & Bhatta D.R. (2011). Caracterização molecular do vírus da raiva do Nepal. *Jornal do Instituto de Medicina,* 3 (2), 42-44.
Pant, G. R., Horton D. L., Dahal, Rai J. N., Ide S. & Fooks T. (2011) Caracterização do vírus da raiva de um caso humano no Nepal. *Archives of Virology*, 156, 681-684.
Pant, G.R. (2010). Identificação de duas linhagens de vírus da raiva do Nepal, *Actas da 9.ª Conferência Nacional da Associação Veterinária do Nepal* (VETCON 10), pp. 111-115.
Pant, G.R. & Acharya B. R. (2010) Rabies: Dangerous Fatal Disease. *Veterinary Quarterly Bulletin Nepal Veterinary Association,* 9 pp 39.
Perrin, P., Rolin P.E. & Sureau P. (1986) A rapid rabies immune-diagnosis (RREID) useful and sample technique for the routine diagnosis of rabies, *Journal of Biological Standard,* 14, 217-222.
Picard, M. E., Barrat J. & Cliquet F. (2007). Utilização da tecnologia de papel de filtro (FTA) para amostragem, recuperação e caraterização molecular de vírus da raiva. *Journal Virology Methods*, 140, 174-182.
Posada, D. (1998) MODELTEST: testar o modelo de substituição do ADN. *Bioinformática,* 14, 817-818.
Laboratório de produção da vacina contra a raiva. (2010). Standard Operating Procedure for the Production of Tissue Culture Rabies Vaccine, Rabies Vaccine Production Laboratory, Kathmandu, pp1-98.
Rahman, S.A. (2011). Toward sustainable prevention of rabies at the source: a case report from India. *Compêndio da Conferência Global da OIE sobre o Controlo da Raiva,* 7-9 de setembro de 2011, Incheon-Seol Replubic of Korea, pp 17-24.
Ranney, M., Partridge R., Jay G.D., Rozzoli D. E. & Pandey P. (2007). Taxas de seroprotecção de anticorpos contra a raiva entre viajantes no Nepal: "rabies seroprotection in travelers". *Journal of Travel Medicine,* 6, 329-33.
Reddy, G. B., Singh R., Singh R. P., Singh K. P. & Gupta P. K. (2011) Caracterização

molecular de isolados do vírus da raiva indiano por sequenciação parcial dos genes da nucleoproteína (N) e da fosfoproteína (P). *Virus Genes,* 43, 13-17.
Rudd, R.J. & Trimanchi C.V. (1989). Development and evaluation of an in vitro virus isolation procedure as a replacement for the mouse inoculation test in rabies diagnosis. *Journal of Clinical Microbiology,* 27, 2522-2528.
Sauza, A. & Madhusudana S.N. (2014). Sobrevivência da encefalite da raiva. *Journal of Neurological Science,* Volume 399 (1), 8-14.
Schatz, J., Fooks A.R., McElhinney L., Horton D. & Echevarria J. (2013) Bat Rabies Surveillance in Europe. *Zoonoses Saúde Pública,* 60, 22-34.
Servat, A., Feyssaguet M., Blanchard I., Morize J.L., Schereffer J.L., Boue F. & Cliquet F. (2007). Um ELISA indireto quantitativo para monitorizar a eficácia da vacinação anti-rábica em carnívoros domésticos e selvagens. *Journal of Immunology Methods,* 318, 1-10.
Smith, J.S., Yager P.A. & Baer G.C. (1973). Um teste rápido e reprodutível para determinar o anticorpo neutralizante da raiva. *Buletin WHO,* 48, 535-541.
Smith, J.S., Orcairi, L.A. & Yager, P.A. 1995. Molecular epidemiology of rabies in United States. *Semin. Virology.* 6:387-400.
Suraweera, W., Morris, S.K., Kumar, R., Warrell, D.A., Jha, P. & Million Death Survey Collaborators (2012). Morte por raiva furiosa sintomaticamente identificável na Índia: um inquérito de mortalidade representativo nacional. *PLOS Neglected Tropical Disease* 6 (10): e 1847.
Susetya, H., Sugiyama M, Inagaki A, Ito N & Mudiarto G. (2008) Molecular epidemiology of rabies in Indonesia. *Virus Research,* 135, 144-149.
Swofford, D. L. (2003) Phylogenetic Analysis Using Parsimony and Other Methods. Versão 4. Sinauer Associates. Sunderland, Massachusetts, EUA.
Talbi, C., Lemey, P., Suchard, M.A. & Bourhy, H. (2010). Filodinâmica e dispersão mediada por humanos de um vírus zoonótico. *PLOS Pathology,* 6 (10): e1001166.
Tenzin, Wacharapluesadee S., Denduangboripant J., Dhand N. K. & Dorji R. (2011) Estirpes do vírus da raiva que circulam no Butão: implicações para o controlo. *Epidemiology Infection,* 139, 1457-1462.
Tenzin, S. & Ward M. P. (2012) Review of rabies epidemiology and control in South, South East and East Asia: past, present and prospects for elimination. *Zoonoses Saúde Pública,* 59, 451-467.
Tordo, N. (2011). Novos desenvolvimentos nas vacinas contra a raiva. Livro de resumos. Conferência Global sobre o Controlo da Raiva, Incheon (República da Coreia) 7-9 setembro 2011, pp 23.
Tu, C. (2011). Raiva na China. Compêndio da Conferência Global da OIE sobre o Controlo da Raiva, 7-9 de setembro de 2011, Incheon-Seol Replubic of Korea, pp 25-30.
Vaugh, J.B., Gerhardt, P. & Peterson, J.C.D.1963. Excreção do vírus da raiva de rua na saliva de gatos. *Journal of the American Medical Association*, 184:705708.
Vaugh, J.B. & Newell, K.W. (1965). Excreção do vírus da raiva de rua na saliva de cães. *Journal of the American Medical Association*, 193:363-368.
Centro de Epidemiologia Veterinária (2013). *Boletim Epidemiológico Anual*, janeiro-dezembro de 2013, pp 13.
Von Teichman, B.F., De Koker, W.C., Bishop, G.C., Meredith C.D. & Bingham J. (1998). Mokola Virus infection: description of recent South African cases and a review of the virus epidemiology. *Jornal da Associação Veterinária da África do Sul*, 69 (4): 169-71.
Wandeler, A.I. (2011). Prospetiva Global da Raiva. Livro de resumos. Conferência Global sobre o Controlo da Raiva, Incheon (República da Coreia) 7-9 de setembro de 2011, pp 14.
Warner, C. K., Whitfield S.G., Fekadu M. & Ho H. (1997). Procedimentos para a deteção reprodutível do ARNm e do genoma do antigénio do vírus da raiva in situ em tecidos fixados em formalina. *Journal Virology Methods*, 67, 5-12.
Organização Mundial de Saúde, (1973). Laboratory Techniques in Rabies, Third Edition, Kaplan M.M. & Koprowski H., eds. OMS, Genebra, Suíça, pp 13.
Comité de Peritos da OMS sobre a Raiva (1992). Série de Relatórios Técnicos da OMS 824:1-84.
Organização Mundial de Saúde, (1996). Laboratory Techniques in Rabies, Fourth Edition, Meslin F.-X., Kaplan M.M. & Koprowski H., eds. OMS, Genebra, Suíça.

Organização Mundial de Saúde, (2010), Current strategies for human rabies pre and post-exposure prophylaxis, Fact Sheet updated September 3, 2010, Organização Mundial de Saúde, Genebra.
Organização Mundial de Saúde, (2005). Recomendações para a vacina anti-rábica inactivada para uso humano produzida em substrato celular e ovos embrionados. Organização Mundial de Saúde, Genebra, pp 1-47.
World Health Organization Expert Consultation on Rabies, (2004) First Report. Série de Relatórios Técnicos da OMS, 931, OMS, Genebra, Suíça, pp 1-106.
Comité de Peritos da Organização Mundial de Saúde sobre a Raiva, (2005) Oitavo Relatório. Organização Mundial de Saúde, Série de Relatórios Técnicos da OMS, 931, OMS, Genebra, Suíça, pp 1-87.
Organização Mundial de Saúde, (1989). Report of WHO Consultation on requirements and criteria for field trials on oral rabies vaccination of dogs and wild carnivores, Genebra, 1-2 de março de 1989, *Doc. WHO/Rabies Research*, 89, 32.
Comité de Peritos em Normas Biológicas da Organização Mundial de Saúde, trigésimo quinto relatório (1985). Série de Relatórios Técnicos da Organização Mundial de Saúde nº 725. OMS, Genebra, Suíça.
Organização Mundial da Saúde Animal, (1996). Rabies, Manual of diagnostic test and vaccine, third edition, OIE, Paris, France pp 207-217.
Organização Mundial da Saúde, (2012). Strategic Framework for Elimination of Human rabies Transmitted by Dogs in South East Asia Region (Quadro estratégico para a eliminação da raiva humana transmitida por cães na região do Sudeste Asiático), Organização Mundial da Saúde, Escritório Regional para o Sudeste Asiático, Nova Deli, Índia.
Organização Mundial da Saúde Animal, (2011). Raiva, Manual de testes de diagnóstico e vacinas para animais terrestres, Versão adoptada pela Assembleia Mundial de Delegados da OIE em maio de 2011.
Xu, G., Weber P., Hu Q., Xue H., Audry L., Li C., Wu J. & Bourhy H. (2007). Um ELISA simples em sanduíche (WELYSSA) para a deteção do nucleocapsídeo do Lyssavirus em amostras suspeitas de raiva utilizando anticorpos monoclonais de ratinho. *Biologicals,* 35, 297-302.
Yousaf, M. Z., Qasim M., Zia S., Khan M.R., Ashfaq U. A. & Khan S. (2012). Virologia molecular da raiva, diagnóstico, prevenção e tratamento. *Jornal de Virologia,* 2012, 9-50. Publicado online em 21 de fevereiro de 2012.
Zhang, Y. Z., Xiong C. L., Zou Y., Wang D.M. & Jiang R. J. (2006) Molecular characterization of rabies virus isolates in China during 2004. *Virus Research*, 121, 179- 188.
Zwickl, D. J. (2006) Genetic algorithm approaches for the phylogenetic analysis of large biological sequence datasets under the maximum likelihood criterion. Austin: Universidade do Texas. 115 p.

Apêndice

Apêndice 1, Formulário de inquérito sobre a raiva

1. Local da raiva a nossa pausa:

1.1 Distrito: 1.2. Comité de Desenvolvimento da Aldeia:

1.3 Bairro n.o: 1.4. Nome da aldeia:

2. Hora de ocorrência da doença: Ano: Mês: Dia:

3. Espécie e número de animais suspeitos, doentes ou mortos por raiva:

Gado	Búfalo	Ovinos	Cabra	Cão	Gato	Porco	Cavalo	Mula	Raposa	Outros

4. Observou sinais clínicos como salivação, paralisia e tendência para morder no animal doente: Sim ou Não

5. Espécies de animais que picam:

Cão	Gato	Macaco	Raposa	Mangusto	outros

6. Quantos animais foram mordidos por um animal raivoso?
7. Quantos animais mordidos foram vacinados:
8. Houve um caso humano mordido por um animal raivoso: Sim ou Não
9. Em caso afirmativo, quantas pessoas foram mordidas:
10. Quantas pessoas mordidas foram vacinadas:
11. Quantas pessoas morreram depois de terem sido mordidas por um animal raivoso:
12. A amostra foi colhida de animais raivosos? Sim ou Não
13. Em caso afirmativo, indicar a espécie e a data do animal amostrado:

Assinatura do inspetor: Nome do inspetor:

Data: Endereço:

Aapêndice 2, Informação epidemiológica sobre a raiva

Distrito	Espécies de Animal	N.º de surtos	N.º de afectados	N.º de mortos	N.º de vacinados
Achham	Búfalo	2	2	2	153
Achham	Cão	0	0	0	337
Achham	Cabra	2	2	2	17
Achham	Gado	1	3	3	85
Achham	Ovinos	0	0	0	15
Arghakhanchi	Búfalo	2	2	2	9
Arghakhanchi	Cão	0	0	0	80
Arghakhanchi	Cabra	0	0	0	11

Arghakhanchi	Gado	0	0	0	7
Baglung	Búfalo	1	1	1	0
Baglung	Cão	1	1	1	222
Baglung	Gado	1	4	4	0
Baitadi	Búfalo	0	0	0	55
Baitadi	Cão	0	0	0	245
Baitadi	Gado	0	0	0	19
Bajhang	Búfalo	0	0	0	63
Bajhang	Cão	0	0	0	122
Bajhang	Cabra	0	0	0	94
Bajhang	Gado	0	0	0	103
Bajhang	Porco	0	0	0	9
Bajura	Búfalo	0	0	0	3
Bajura	Cão	1	1	1	165
Bajura	Gado	0	0	0	10
Banke	Búfalo	0	0	0	4
Banke	Cão	1	2	2	2760
Banke	Cabra	0	0	0	5
Banke	Gado	0	0	0	2
Bara	Búfalo	1	1	1	87
Bara	Cão	0	0	0	144
Bara	Cabra	0	0	0	150

Distrito	Espécies de Animal	N.º de surtos	N.º de afectados	N.º de mortos	N.º de vacinados
Bara	Gado	0	0	0	82
Bara	Cavalo	0	0	0	3
Bardiya	Búfalo	0	0	0	3
Bardiya	Cão	0	0	0	276
Bardiya	Cabra	0	0	0	7
Bardiya	Gado	0	0	0	9
Bardiya	Gato	0	0	0	22
Bardiya	Porco	0	0	0	8
Bhaktapur	Cão	0	0	0	5559
Bhojpur	Cão	0	0	0	4853
Bhojpur	Cabra	0	0	0	1
Bhojpur	Gado	0	0	0	8
Bhojpur	Ovinos	0	0	0	1
Chitwan	Cão	0	0	0	2190
Chitwan	Cabra	0	0	0	62
Chitwan	Ovinos	0	0	0	99

Dadeldhura	Búfalo	0	0	0	274
Dadeldhura	Cão	0	0	0	1222
Dadeldhura	Cabra	0	0	0	6
Dadeldhura	Gado	2	8	8	14
Dadeldhura	Porco	0	0	0	5
Dailekh	Búfalo	2	5	5	1
Dailekh	Cão	0	0	0	1659
Dailekh	Cabra	1	2	2	0
Dailekh	Gado	2	5	5	16
Dang	Cão	1	1	1	1800
Darchula	Cão	0	0	0	1129
Darchula	Cabra	0	0	0	5
Darchula	Gado	0	0	0	9
Darchula	Cavalo	0	0	0	17
Dhading	Búfalo	0	0	0	132

Distrito	Espécies de Animal	N.º de surtos	N.º de afectados	N.º de mortos	N.º de vacinados
Dhading	Cão	0	0	0	37
Dhading	Cabra	0	0	0	58
Dhading	Gado	0	0	0	71
Dhading	Cavalo	0	0	0	14
Dhading	Porco	0	0	0	2
Dhankuta	Cão	1	1	1	1310
Dhankuta	Cabra	4	4	4	0
Dhankuta	Gado	3	4	4	4
Dhankuta	Porco	1	1	1	0
Dhanusha	Búfalo	0	0	0	15
Dhanusha	Cabra	0	0	0	190
Dhanusha	Gado	9	10	10	20
Dolakha	Cão	0	0	0	377
Dolakha	Gado	2	4	4	0
Doti	Búfalo	1	1	1	0

Doti	Cão	2	8	8	300
Doti	Gado	2	2	2	0
Doti	Porco	1	9	9	0
Gorkha	Búfalo	3	3	3	22
Gorkha	Cão	1	1	1	26
Gorkha	Cabra	4	4	4	25
Gorkha	Gado	1	1	1	7
Gulmi	Búfalo	0	0	0	8
Gulmi	Cabra	0	0	0	6
Gulmi	Gado	0	0	0	6
Humla	Búfalo	1	1	1	0
Ilam	Cão	0	0	0	929
Ilam	Gado	3	3	3	303
Jajarkot	Búfalo	1	2	2	129
Jajarkot	Cão	7	7	7	509
Jajarkot	Cabra	3	3	3	62
Jajarkot	Gado	6	10	10	177
Jajarkot	Cavalo	0	0	0	39
Jhapa	Búfalo	0	0	0	1
Jhapa	Cão	0	0	0	1282
Jhapa	Cabra	0	0	0	17
Jhapa	Gado	4	9	9	293
Jumla	Cão	1	2	2	1221
Jumla	Gado	0	0	0	12
Jumla	Cavalo	0	0	0	30

Distrito	Espécies de Animal	N.º de surtos	N.º de afectados	N.º de mortos	N.º de vacinados
Kailali	Cão	17	65	65	5190
Kailali	Gado	0	0	0	5
Kalikot	Búfalo	0	0	0	15
Kalikot	Cão	0	0	0	651
Kalikot	Cabra	0	0	0	4
Kalikot	Gado	2	2	2	20
Kanchanpur	Búfalo	2	4	4	0
Kanchanpur	Cão	15	35	35	2544
Kanchanpur	Gado	2	3	3	0
Kapilbastu	Búfalo	2	2	2	11
Kapilbastu	Cão	0	0	0	245
Kapilbastu	Cabra	0	0	0	9
Kapilbastu	Gado	0	0	0	3
Kapilbastu	Ovinos	0	0	0	3
Kaski	Búfalo	3	6	6	24
Kaski	Cão	1	1	1	6639
Kaski	Cabra	2	3	3	21
Kaski	Gado	2	4	4	16
Kathmandu	Búfalo	0	0	0	5
Kathmandu	Cão	4	4	4	1184
Kathmandu	Gado	1	1	1	13

Kavre	Cão	1	1	1	188
Kavre	Cabra	1	2	2	0
Kavre	Gado	1	1	1	21
Khotang	Cão	0	0	0	1041
Lalitpur	Búfalo	1	1	1	0
Lalitpur	Cão	0	0	0	2674
Lalitpur	Cabra	1	1	1	0
Lamjung	Cão	0	0	0	385
Lamjung	Cabra	1	1	1	9
Lamjung	Gado	1	2	2	16
Mahottari	Búfalo	2	2	2	7
Mahottari	Cão	0	0	0	4
Mahottari	Cabra	0	0	0	21
Mahottari	Gado	0	0	0	16
Makwanpur	Búfalo	0	0	0	8
Makwanpur	Cão	0	0	0	1160
Makwanpur	Cabra	1	1	1	1
Makwanpur	Gado	0	0	0	8
Makwanpur	Porco	0	0	0	36
Manang	Cão	0	0	0	12
Morang	Búfalo	0	0	0	53

Distrito	Espécies de Animal	N.º de surtos	N.º de afectados	N.º de mortos	N.º de vacinados
Morang	Cão	2	2	2	7
Morang	Cabra	1	1	1	190
Morang	Gado	5	10	10	226
Morang	Porco	0	0	0	9
Mugu	Cão	0	0	0	59
Myagdi	Cão	0	0	0	29
Nawalparasi	Búfalo	6	6	6	14
Nawalparasi	Cão	3	3	3	214
Nawalparasi	Cabra	0	0	0	3
Nawalparasi	Gado	8	8	8	11
Nuwakot	Búfalo	0	0	0	23
Nuwakot	Cão	0	0	0	425
Nuwakot	Cabra	0	0	0	12
Nuwakot	Gado	0	0	0	25
Okhaldhunga	Búfalo	10	10	10	0

Okhaldhunga	Cão	0	0	0	77
Okhaldhunga	Gado	8	8	8	0
Palpa	Búfalo	4	5	5	3
Palpa	Cão	1	1	1	1427
Palpa	Cabra	1	1	1	0
Palpa	Gado	2	2	2	3
Panchthar	Búfalo	2	2	2	0
Panchthar	Cão	0	0	0	786
Panchthar	Gado	1	1	1	300
Parsa	Búfalo	0	0	0	82
Parsa	Cão	0	0	0	1304
Parsa	Cabra	0	0	0	123
Parsa	Gado	0	0	0	80
Parsa	Ovinos	0	0	0	10

Pyuthan	Búfalo	1	1	1	14
Pyuthan	Cão	0	0	0	82
Pyuthan	Cabra	0	0	0	14
Pyuthan	Gado	0	0	0	8
Ramechap	Búfalo	0	0	0	3
Ramechap	Cão	0	0	0	290
Ramechap	Cabra	0	0	0	4
Ramechap	Gado	0	0	0	5
Ramechap	Porco	0	0	0	2
Rautahat	Búfalo	0	0	0	59
Rautahat	Cão	0	0	0	482
Rautahat	Cabra	0	0	0	70
Rautahat	Gado	1	1	1	47
Rolpa	Búfalo	1	1	1	36

Rolpa	Cão	0	0	0	486
Rolpa	Cabra	0	0	0	30

Distrito	Espécies de Animal	N.º de surtos	N.º de afectados	N.º de mortos	N.º de vacinados
Rolpa	Gado	0	0	0	30
Rolpa	Porco	0	0	0	16
Rukum	Búfalo	0	0	0	101
Rukum	Cão	0	0	0	1848
Rukum	Cabra	0	0	0	14
Rukum	Gado	0	0	0	66
Rukum	Cavalo	0	0	0	4
Rukum	Ovinos	0	0	0	64
Rupandehi	Búfalo	0	0	0	1
Rupandehi	Cão	0	0	0	2553
Rupandehi	Cabra	0	0	0	41
Rupandehi	Gado	0	0	0	15
Salyan	Búfalo	2	3	3	16

Salyan	Cão	0	0	0	247
Salyan	Cabra	1	4	4	25
Salyan	Gado	1	2	2	59
Salyan	Ovinos	0	0	0	11
Salyan	Porco	0	0	0	8
Sankhuwasava	Cão	0	0	0	370
Sankhuwasava	Gado	0	0	0	4
Sankhuwasava	Cavalo	0	0	0	3
Sankhuwasava	Porco	0	0	0	1
Saptari	Cão	0	0	0	84
Saptari	Gado	0	0	0	2
Sarlahi	Búfalo	0	0	0	2
Sarlahi	Cão	0	0	0	6
Sarlahi	Cabra	0	0	0	62
Sarlahi	Gado	0	0	0	2
Sindhuli	Búfalo	4	12	12	84
Sindhuli	Cão	1	5	5	1837
Sindhuli	Cabra	0	0	0	10

Sindhuli	Gado	4	15	15	77
Sindhuli	Porco	0	0	0	8
Sindhupalchowk	Cão	0	0	0	10
Siraha	Búfalo	0	0	0	135
Siraha	Cabra	0	0	0	60
Siraha	Gado	1	1	1	119
Solukhumbu	Cão	0	0	0	35

Distrito	Espécies de Animal	N.º de surtos	N.º de afectados	N.º de mortos	N.º de vacinados
Surkhet	Búfalo	0	0	0	2
Surkhet	Cão	0	0	0	1108
Surkhet	Cabra	0	0	0	4
Surkhet	Gado	0	0	0	3
Surkhet	Porco	0	0	0	2
Syangja	Búfalo	1	1	1	13
Syangja	Cão	0	0	0	388

Syangja	Cabra	0	0	0	2
Syangja	Gado	2	2	2	7
Syangja	Ovinos	0	0	0	58
Tanahu	Búfalo	13	14	14	17
Tanahu	Cão	0	0	0	1252
Tanahu	Cabra	0	0	0	8
Tanahu	Gado	5	5	5	5
Taplejung	Cão	0	0	0	1987
Taplejung	Gado	0	0	0	10
Taplejung	Ovinos	0	0	0	6
Terhathum	Cão	0	0	0	145
Terhathum	Gado	1	2	2	0
Udayapur	Cão	0	0	0	226
Total		238	401	401	74559

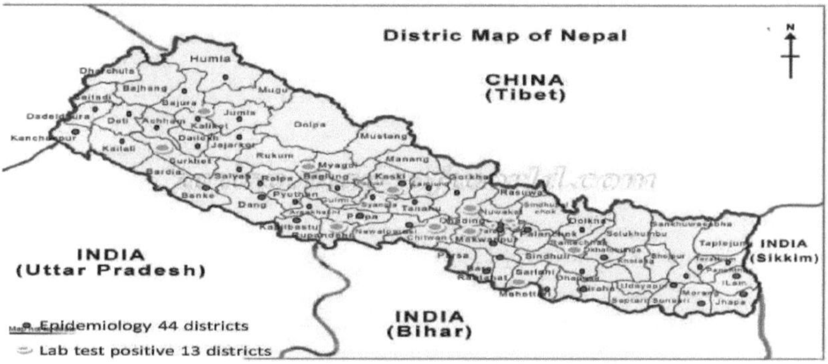

Fotografia 1, Prevalência da raiva no Nepal

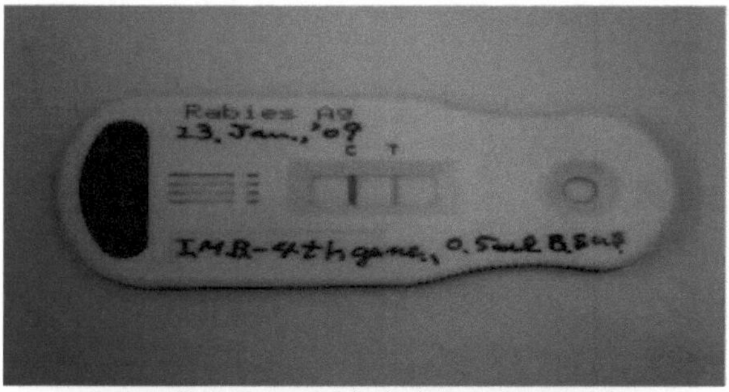

Fotografia 2, Teste rápido de deteção de antigénios

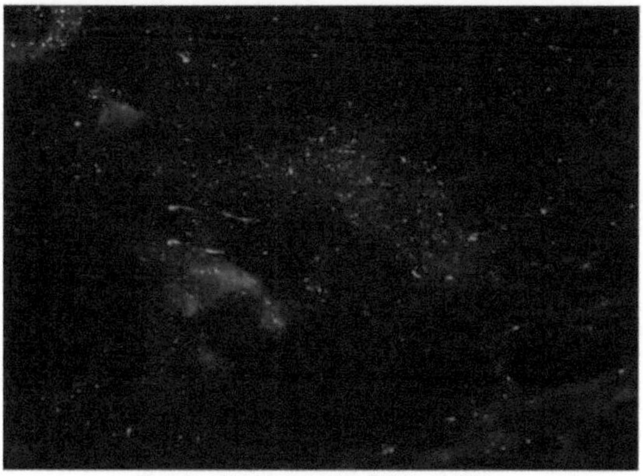

Fotografia 3, amostra FAT positiva

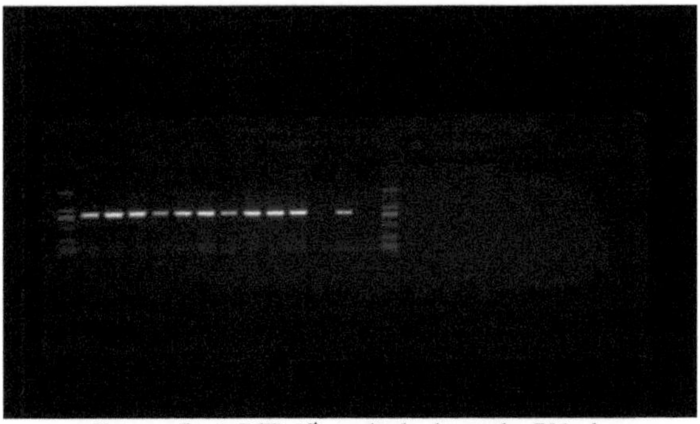

Fotografia 4, PCR 1st resultado da ronda, 701 pb

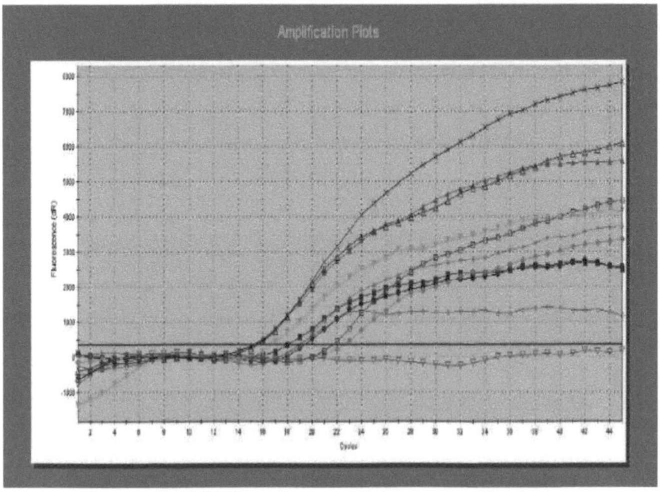

Fotografia 5, PCR em tempo real de amostras de cérebro

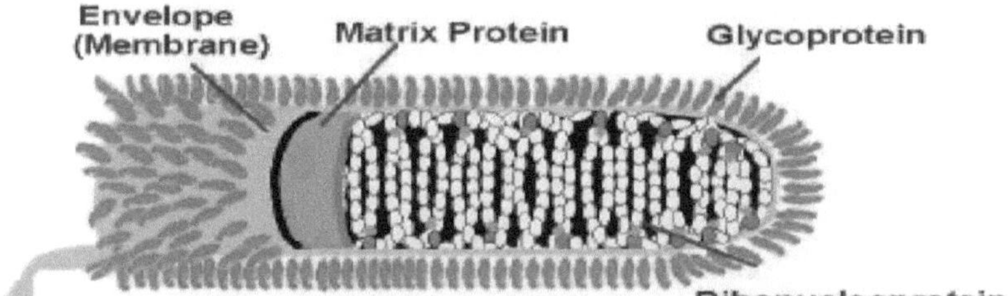

Fotografia 6, Estrutura do vírus da raiva

(http://www.cdc.gov/rabies/specific_groups/index.html)

MIX
Papier aus verantwortungsvollen Quellen
Paper from responsible sources
FSC® C105338

Printed by Books on Demand GmbH, Norderstedt / Germany